U0186511

/ 中国首部全译插图本 /

*SOUVENIRS
ENTOMOLOGIQUES*

昆虫记

·典藏版·

·Ⅱ·

〔法〕法布尔　著

张广学　学术顾问

梁守锵　译

SPM
南方传媒　花城出版社

中国·广州

图书在版编目（ＣＩＰ）数据

昆虫记：典藏版. Ⅱ /（法）法布尔著；梁守锵译
. -- 4版. -- 广州：花城出版社，2022.6
ISBN 978-7-5360-9276-1

Ⅰ.①昆… Ⅱ.①法… ②梁… Ⅲ.①昆虫学－普及
读物 Ⅳ.①Q96-49

中国版本图书馆CIP数据核字(2022)第045616号

出 版 人：张　懿
特约策划：邹靖华　秦　颖
责任编辑：黎　萍　夏显夫
技术编辑：凌春梅
封面插画：空　澈
封面设计：介　桑

书　　名　昆虫记：典藏版
　　　　　KUNCHONGJI：DIANCANGBAN
出版发行　花城出版社
　　　　　（广州市环市东路水荫路11号）
经　　销　全国新华书店
印　　刷　佛山市浩文彩色印刷有限公司
　　　　　（广东省佛山市南海区狮山科技工业园A区）
开　　本　880毫米×1230毫米　32开
印　　张　7.625　4插页
字　　数　180,000字
版　　次　2022年6月第1版　2022年6月第1次印刷
定　　价　388.00元（全十卷）

如发现印装质量问题，请直接与印刷厂联系调换。
购书热线：020－37604658　37602954
花城出版社网站：http://www.fcph.com.cn

法布尔是掌握田野无数小虫子秘密的语言大师。

——［法］罗曼·罗兰

目 录
Contents

SOUVENIRS
ENTOMOLOGIQUES

第一章 ❧ 荒石园①

一块地，这就是我的梦想。哦！一块不要太大，但四周有围墙，不会有公路上的各种麻烦的土地；一块日晒雨淋，荒芜不毛，被人抛弃却被矢车菊和膜翅目昆虫所钟爱的土地。在那里，我可以不必担心过路人的打扰，与砂泥蜂和泥蜂交谈，这种艰难的对话，就靠实验表达出来；在那里，无需耗费时间的远行，无需急不可待的奔走，我可以编制进攻计划，设置埋伏陷阱，每天时时刻刻观察实验的效果。一块地，是的，这就是我的愿望，我的梦想，我一直苦苦追求的梦想，但将来能否实现却没有明确把握。

当一个人整天都在为每日的面包一筹莫展地操心时，要在旷野里给自己准备一个实验室是不容易的。我以不折不挠的勇气跟穷困潦倒的生活斗争了四十年，朝思暮想的实验室终于得到了。这是我孜孜不倦、顽强奋斗的结果，但我不想去说它了。它来到了，伴随它而来的，也许是必须要有空闲的时间，这是更重要的条件。我说也许，是因为我的腿上总是拖着苦行犯的锁链。愿望是实现了，只是迟了些啊，我的美丽的昆虫啊！我很害怕有了桃子的时候，我的牙齿却啃不动了。是的，只是迟了些；原先那开阔的天际，如今已成了十分低垂、令人窒息而且日益缩小的穹庐。对于往事，除了已经失去了的，我一无所悔，我什么也不后悔，甚至不后悔二十年的

---

① 荒石园：1878年，《昆虫记》第一卷出版；1879年，法布尔在塞里昂乡间购得一块荒地，取名为荒石园，从此隐居于此，致力于昆虫学研究，完成《昆虫记》后九卷的写作。——校注

光阴，对一切我已不抱希望，已经到了这个地步，历历往事使我精疲力竭。我思忖，究竟值不值得生活下去。

四周一片废墟，中间危立一堵断墙，石灰和沙使它巍然不动；这屹立的断墙就是我对科学真理的热爱。哦，我灵巧的膜翅目昆虫啊，我对你们的热爱，是不是足以让我名正言顺地对你们的故事再添上几页呢？我会不会力不从心呢？为什么我自己也把你们抛弃了这么长时间呢？一些朋友为此责备我。啊，告诉他们，告诉那些既是你们的也是我的朋友们；告诉他们，并不是由于我的遗忘，我的懒散，我才抛弃你们；我想念你们，我深信节腹泥蜂的窝还会告诉我动人的秘密，飞蝗泥蜂的捕猎还会给我带来惊奇的故事。但是我缺少时间，我在跟不幸的命运作斗争中，孤立无援，被人遗弃。在高谈阔论之前，必须能够活下去。请你们告诉他们吧，他们会原谅我的。

还有人指责我使用的语言不庄重，干脆直说吧，没有干巴巴的学究气。他们害怕读起来不令人疲倦的作品，认为它就是没有说出真理。照他们的这种说法，只有晦涩难懂，才是思想深刻。你们这些带螫针的和盔甲上长鞘翅的，不管有多少，都到这里来，为我辩护，替我说话吧。你们说说我跟你们是多么亲密无间，我多么耐心地观察你们，多么认真地记录你们的行为。你们的证词会异口同声地说，是的，我的作品没有充满言之无物的公式，一知半解的瞎扯，而是准确地描述观察到的事实，一点不多，一点也不少。谁愿意询问你们就去问好了，他们也会得到同样的答复。

我亲爱的昆虫们，如果因为对你们的描述不够令人生厌，所以说服不了这些正直的人，那么就由我来对他们说："你们是把昆虫开膛破肚，而我是在它们活蹦乱跳时进行研究；你们让昆虫变得既可怖又可怜，而我则使人们喜欢它们；你们在酷刑室和碎尸场里工作，而我是在蔚蓝的天空下，在鸣蝉的歌声中观察；你们用试剂测试蜂房和原生质，而我却研究本能的最高表现；你们探究死亡，而我却探究生命。我为什么不进一步说明我的想法：野猪搅浑了清泉；博物学是青年人极好的学业，可是由于越分越细，彼此隔绝，如今已令人可厌可嫌。如果说我是为了那些企图稍微弄清本能这个问题的学者、哲学家们而写，其实我更是为年轻人而写，我希望他们热爱这门被你们弄得令人憎恶的博物学；这就是为什么我在极力保持翔实的同时，不采用你们那种科学性的文字，因为这种文字似乎是从休伦人①的语言中借来的。这种情况，唉，真是太常见！"

　　不过，眼下这并不是我要做的事；我要谈的是我朝思暮想的那块地，我要使它成为活的动物学实验室。这块地，我终于在一个荒僻的小村庄里找到了。这是一个荒石园，当地的语言中，"荒石园"这个词指的是一块荒芜不毛、乱石遍布、百里香滋生的荒地，这种地贫瘠得即使辛勤地犁耙也无法改善，当春天偶尔下雨，长出一点草时，只有绵羊会到来。不过我的荒石园由于在无数乱石中还有零星的红土，所以长点作物；据说从前那里有些葡萄。的确，为了种几棵树而进行的挖掘中，会在四处挖出一些宝贵的根茎，由于时间久远，部分已经成了炭，我只能用唯一能够锄入这种地的农具三齿长柄叉来刨；可是太遗憾，原先的植物已经没有了。不再有百里香，不再有薰衣草，不再有一簇簇灌栎，这种矮矮的小灌木连成小片的荆棘丛，人们只要稍微抬腿一跨就可以走过去。这些植物，尤其是前两种，由于能够向膜翅目昆虫提供所要采集的原料，可能对我有用，我不得不把它们再栽到用三齿叉刨开的地上。

---

① 休伦人：17世纪时北美洲的印第安人。——译注

在这块最初翻动而以后长时间荒芜的地里，蔓生着大量不需我照管的植物。最主要的是狗牙草，这种可恶的禾本科植物，三年激烈的战争也无法把它彻底消灭；数量上占第二位的是矢车菊，全都一副倔强的样子，浑身是刺，或者长着星形的戟，有两至生矢车菊、丘陵矢车菊、蒺藜矢车菊、苦涩矢车菊，第一种最多。在蓬生的矢车菊丛中，样子凶恶的西班牙刺柊四处伸出来，像枝形大烛台似的，那大大的橘红色花朵就是火焰，刺茎有钉子那么硬。长得比它高的是伊利大翅蓟，翅蓟的茎孤零零、直挺挺的，有一两米高，茎梢顶着一个玫瑰色的大绒球，它的盔甲不比刺柊差。别忘了刺茎菊科植物，首先要提到的是恶蓟，它浑身是刺，连植物采集者都不知道从哪里下手；其次是叶脉边缘呈矛头状的阔叶披针蓟；最后是染黑蓟，它像带刺的玫瑰花结。在这些蓟之间，荆棘的新枝丫，结着淡蓝色果子，像带钩的长绳似的在地上匍行。要想在丛生的荆棘中观察膜翅目昆虫采蜜，必须穿着半高筒靴或者情愿腿肚子被刺得出血。只要土里还有一点春雨留下的水分，角锥般的刺柊和大翅蓟细长的新桠，便从由两至生矢车菊黄色的头状花序铺成的地毯上生长出来，这时，这种生命力顽强的荆棘，肯定会展现出妩媚之姿。但是干旱的夏天来临了，现在这里只是一片枯枝干叶，擦一根火柴整块地都会着起火来。这就是我打算从此跟昆虫彼此亲密无间地生活在一起的极乐伊甸园，这个伊甸园当我拥有它时就是这个模样。我经过四十年艰苦的斗争才得到了这块地。

我说它是伊甸园，并不会用词不当。这块没有一个人愿意撒一把萝卜籽的地，对于膜翅目昆虫来说，却是天堂。地里各种茁壮成长的蓟和矢车菊，把四周所有的膜翅目昆虫都吸引来了。我在捕捉昆虫的过程中，从来都没有在一块地方找到过这么多的昆虫；这一行的所有成员都会聚在这里，有以各种猎物维生的捕猎者，有土房子的建造者，有棉织品的纺织工，有在花叶和花蕾中修剪零件的组装工，有纸板屋的建筑师，有搅拌黏土的泥瓦工，有钻木的木匠，有在地下挖巷道的矿工，有制造薄膜气球的工人；还有什么我也数不清了。

黄斑蜂

这是只什么？是只黄斑蜂。它刮把着矢车菊蛛网般的茎来堆一个棉花球，然后自豪地用大颚把球衔到地下，给自己制造一个棉毡袋来装蜜和卵。这些在激烈地抢夺战利品的是什么？是切叶蜂，肚子下有黑色、白色或者火红色的花粉刷。它将离开蓟去拜访附近的灌木丛，从灌木的叶子上剪下椭圆形的叶片，组装成容器来盛它的收获品。这些穿着黑绒衣服的是什么？是石蜂，它们在加工水泥和卵石。在石头上我们可以很容易地找到它们砌造的房子。还有这些猛地飞起，大声嗡嗡叫的是什么呢？是定居在旧墙和附近向阳斜坡上的砂泥蜂。

现在壁蜂来了。这一只在空蜗牛壳的螺旋壁上建造蜂房，另一只啄着一段干的荆棘吸掉髓质，好给幼虫做一个圆柱形的房子，房子里用隔墙分成一层层。第三只使用断掉的芦竹的天然管道。第四只则是某个高墙石蜂闲置走廊的免费房客。大头泥蜂和长须蜂也来了，雄蜂

壁蜂

的触角高高翘起；采蜜的后足上有一支大毛笔的毛足蜂，种类繁多的土蜂，杨柳细腰的隧蜂，它们也都来了。

我走了过去，没有理睬它们。如果我想一一研究这些昆虫，那么在菊科植物的客人中，几乎有整个采蜜类的昆虫。我曾把我新发

2

隧蜂

现的昆虫呈给一位昆虫学者，波尔多的佩雷教授[1]，他问我是否有特殊的捕虫方法，才能够给他寄了这么多稀罕的甚至是新的品种。我并不是捕虫专家，更不热衷于此道，我感兴趣的是正在劳动的、而不是用一根大头针钉在盒子里的昆虫，我所有的昆虫都是在长着茂密的蓟和矢车菊的草地上捕捉的。

非常凑巧，跟这个采蜜的大家庭一起的是捕猎采蜜者的部族。在荒石园，泥水匠为了砌围墙，放了一大堆沙和石头。工程一直拖着，这些材料是一开始时运来的。于是石蜂便选择石头间的空隙作为过夜的宿舍，一堆堆挤在一起。粗壮的单眼蜥蜴从非常近处捕猎，张着嘴，会向着人也会向着狗扑上来，它选择一个洞穴守候着过路的蜘蛛；大耳鹛穿着多明我会[2]的修士服装，白袍子，黑翅膀，在最高的石头上栖息，唱着简短而有乡土味的小调。它的窝大概就在某个石头堆里，窝里有天蓝色的蛋。这个小多明我会修士在石头堆中消失了，我怀念它，因为它是个讨人喜欢的邻居。我一点也不怀念单眼蜥蜴。

沙也供另一种昆虫筑窝。泥蜂在那里打扫地穴的门槛，把尘土抛物线般地往后抛；朗格多克飞蝗泥蜂用足把距螽拖到那里去；大唇泥蜂在那里把捕获的叶蝉放到地窖里。非常可惜，泥瓦匠终于把那里的猎手都撵走了；但是如果有一天我想叫它们回来，只要再堆起沙堆，它们很快就会全都到来的。

---

[1] 佩雷：法国波尔多大学教授，昆虫学家，法布尔经常写信请他鉴定稀有的昆虫品种。——校注

[2] 多明我会：又名布道兄弟会，俗称黑衣兄弟会，天主教四大托钵修会之一。——校注

下面这些昆虫没有离去。砂泥蜂，因为住所不一样，我看到它们有的在春天，有的在秋天里，在荒石园小径边，在草地上飞来飞去，寻找猎物幼虫。蛛蜂，拍打着翅膀敏捷地飞向隐蔽的角落去抓只蜘蛛，体型最大的则窥伺着狼蛛。狼蛛的窝在荒石园里俯拾即是，窝是个竖井，用禾本科植物的茎秆夹上丝来做护井栏。在窝底，大多数人看了都害怕的粗壮的狼蛛，眼睛闪闪发光像小金刚钻似的。对于蛛蜂

1½

蛛蜂

来说，要捕捉这样的猎物多么危险啊！好吧，现在我们来看一看吧。

一个炎热的下午，雌蚁排成长队从兵营里出来，到远处去捕猎奴隶。我们利用片刻的空闲，跟着看看它是怎么围猎的吧。在那里，在一堆变成泥肥的草的四周，有一些半法寸长的土蜂没精打采地飞翔，它们被鳃金龟、蚌犀金龟和花金龟的幼虫等丰美的野味吸引，一头钻进草丛里。

⅔

狼蛛和它的竖井

有多少研究的课题啊，而且还没完呢！人们不但抛弃了地，也抛弃了房子，既然人走了，就不会受到打扰，于是动物就跑来，占据所有的地方。莺在丁香丛中筑巢；翠雀在茂密的柏树遮蔽下定居；麻雀把碎布和稻草运到每片瓦下；南方金丝雀来到梧桐树梢啁啾，它那柔软的窝有半个杏子那么大；红角鸮习惯在晚上唱着细声如笛的单调的歌；雅典之鸟猫头鹰也跑来发出刺耳的咕咕声。

房子前面是一个大池塘，水来自于

给村庄的喷泉供水的渡槽。交配季节，两栖类动物从方圆一公里的地方到那里去。灯心草蟾蜍，有的有盘子大，背上披着窄窄的黄绶带，在那里约会洗澡；当暮霭沉沉时，在池塘边跳跃的雄蟾蜍是雌蟾蜍的接生婆，它的后腿挂着一串李子核大的卵；这位温厚的父亲带着它的宝贝卵袋从远方来，要把卵袋放到水里，然后再到一块石板下面，发出铃铛般的响声。雨蛙如果不在树丛间哇哇喊叫，就是在做优美的潜水表演。五月，每当黑夜降临，池塘就变成了震耳欲聋的舞台；我无法在吃饭时说话，更无法睡觉，必须采取严格的手段来整顿一下。有什么办法呢？想睡觉而睡不着的人是会变得凶横的。

　　膜翅目昆虫更大胆，把我的隐庐都强占了。白边飞蝗泥蜂在我家门槛前的瓦砾地里筑窝；为了跨进家门，我必须注意别把它的窝踩坏了，别踩死正忙着干活的矿工们。我已经有整整二十五年没有看过这种专门捕捉蝗虫的活跃分子。当我刚认识它时，我曾走了几公里地去拜访它；每去一次都要顶着八月火辣辣的太阳远征。今天我在自己家门口又看到它了，我们是亲密的邻居。关闭的窗框给长腹蜂提供了温暖的套房，它的窝是用土砌的，贴在墙壁的方石上。这种捕猎蜘蛛的昆虫，利用关闭的护窗板上偶然出现的一个小洞返回它的家。几只孤身的石蜂在百叶窗的线脚上，建起它们的蜂窝；一只黑胡蜂在半开的屏风下部建造小土圆顶屋，圆顶上面有一个大口短细颈。胡蜂和长脚胡蜂是我家的常客，它们来到饭桌上，看看我们吃的葡萄是不是熟透。

　　这里的昆虫的确既多又全，而且我看到的还不完整呢！如果我能够让它们说话，那么跟它们交谈，一定会使我孤寂的生活得到许

长腹蜂

多乐趣的。这些昆虫，有的是我的旧交，有的是新识，它们全都在这里，毗邻而居，在捕猎、在采蜜、在筑窝。另外，如果需要改变观察地点，走几百步就是山，山上有野草莓丛、岩蔷薇丛、欧石楠树丛；有泥蜂所珍爱的沙层，有各种膜翅目昆虫喜欢开发的泥灰石边坡。我预见到了这些宝贵的财富，这就是我为什么逃离城市到乡村，来到塞里昂给萝卜锄草、给生菜浇水的原因。

　　人们在大洋洲和地中海边花很多钱建造实验室，来解剖对我们意义不大的海洋小动物；人们大量使用显微镜、精密的解剖仪器、捕猎设备、小船、捕鱼人员、水族缸，以便知道某种环节动物的卵黄如何分裂，我至今还不明白这有什么意义；可是，人们瞧不起地上的小昆虫，这些小昆虫跟我们息息相关，有的向普通生理学提供无价之宝的资料；有的则损坏我们的庄稼，破坏公众的利益。什么时候会有一个昆虫学实验室？不是研究泡在三六烧酒①里的死昆虫而是活昆虫，研究这些小昆虫的本能、习性、生活方式、劳动和繁衍，而这些是我们的农业和哲学应当加以考虑的。彻底了解蹂躏葡萄的昆虫的历史，可能比知道一种蔓足亚纲动物的一根神经末梢是什么样子更加重要；靠实验来确定智慧与本能的分界，通过比较动物系列的各种事实来揭示，人的理性是不是一种可以改变的特性，这一切应该比甲壳动物触角的节数重要得多。为了解决这些重大的问题，必须有大批工作者，可是我们现在却一个也没有。人们想到的只是软体动物、植性无脊椎动物。人们投入大量的拖网来探索海底，却对脚下的土地仍然不了解。我期待人们改变观念，但在此之前，我开辟了荒石园来研究活生生的昆虫，这个实验室无须从纳税人的钱包中掏一分钱。

---

① 三六烧酒：旧时一种85度以上的烧酒，取三份烧酒，兑三份水，即成六份普通烧酒。——译注

第二章 🐝 毛刺砂泥蜂

五月的一天，我在荒石园里来回巡视，侦察可能发生的新情况。法维埃正忙着在不远处的菜园里干活。法维埃是谁？用几个字很快就可以说清楚，他将在下面的故事中出现。

法维埃是一个老兵。他曾在非洲的角豆树下搭起茅屋，在君士坦丁堡①吃过海胆，当没有军事行动时，他曾在克里木猎过椋鸟。他见多识广。冬天，将近四点钟，田里的活就结束了。冬夜是那么漫长，绿橡树圆木在厨房炉灶里发出熊熊火光，他把耙、叉、双轮车收好后，便坐在灶台的高石头上，拿出烟斗，用大拇指沾了沾口水，熟练地塞着烟丝，然后认真地抽起来。他好几个钟头前就想抽烟了，可是他没有抽，因为烟草太贵；得不到的东西加倍吸引人，所以他一口烟都不吐掉，总是等到烟全部吞下去后才再抽一口。

大家就在这个时候聊天。法维埃海阔天空地闲聊，他就像古代的说书人，因为故事精彩，被允许坐上娱乐场所最好的位子；只不过我们的说书人是在兵营里培养出来的。我们一家人，无论大人小孩，都兴致勃勃地听他说；即使他的故事很大一部分是编出来的，不过总是编得合情合理。所以在工作完了后，如果他不来炉边歇一会儿，我们大家都会觉得很失落。他到底跟我们说些什么，让我们这么想听呢？他向我们讲述在一场他亲历的、推翻专制帝国的政变中的所见所闻；他谈到，他们先分喝烧酒，然后向人群射击。他向

---

① 君士坦丁堡：位于博斯普鲁斯海峡两岸，地跨欧亚两洲。历史上称拜占庭和君士坦丁堡，现为土耳其最大城市，改名伊斯坦布尔。——校注

我保证，他总是朝着墙开枪的；我相信他的话，因为我觉得，他为曾经出于无奈参加了这种强盗般的屠杀，而感到非常悲伤和耻辱。

他给我们叙述他在塞巴斯托波尔①城外战壕里的不眠之夜；谈到曾在夜里孤立无援地蜷缩在前线的雪堆里，看到他称之为花瓶的东西在他身旁落下时的恐惧心情。这个东西燃烧，喷射，发光，照亮四周。可恶的杀人机器随时在爆炸，我们的士兵死掉了，他安然无恙，花瓶平静地熄灭了。花瓶是一种照明弹，在黑暗中发射，用来侦察围城者的工事。

讲了惨烈的战斗后，接着是兵营的趣闻。他告诉我们军队里焖菜的奥妙，士兵饭盒里的秘密，土堡里可笑的琐事。他的故事永远也说不完，再加上用词生动，引人入胜，不知不觉间吃夜宵的时候到了，可我们谁都不觉得夜晚是这么的漫长。

法维埃的见多识广引起了我的注意。我的一个朋友从马赛给我寄来两只大螃蟹，渔夫称为海上蜘蛛的蜘蛛蟹。当工人们，忙着修补破房子的画工、泥瓦工、粉刷工，吃了晚饭回来时，我把这两只螃蟹的绳子解开。他们看到这些奇怪的动物，螯针从甲壳四周辐射出来，竖在长长的腿上，有点像蜘蛛，发出了惊奇得近乎恐慌的叫声。可法维埃却不当一回事，巧妙地一把抓住正横行乱跑的可怕的"蜘蛛"，说道："我认识这玩意，我在瓦尔拉吃过，味道好极了。"说着，他用嘲弄的目光看着周围的人，好像在说：你们这些人啊，从来没走出过你们的窝呢。

最后我再讲一讲他的另一个特点。他的一个女邻居根据医生的意见曾经到塞特去洗海水浴，回来时带了个稀奇的玩意，一种奇怪

---

① 塞巴斯托波尔：乌克兰黑海边城市，克里木西南的海港和军火库。——校注

的果子，她对这种果子抱着很大的希望。把果子放到耳边摇晃，它会发出声音，说明里面有种子。果子呈圆形，有刺，一端像一朵小的白花蓓蕾；另一端略为洼陷，有几个洞。女邻居跑去找法维埃，把她的新发现给他看，并且要他告诉我，她要把这些宝贵的种子给我；并说这种子会长出一种好看的小灌木来装点我的花园。"这是花，这是尾巴。"她指着果子的两端对法维埃说。

法维埃哈哈大笑起来。"这是一个海胆，我在君士坦丁堡吃过。"接着他尽可能清楚地解释海胆是什么。对方压根也听不明白，一直坚持自己的说法。她心想，法维埃一定是因为这么宝贵的种子，不是由他而是由别人给了我，心里妒忌才故意欺骗她。他们把这争论官司打到我这里来了。"这是花，这是尾巴。"那位好心肠的女人重复说道。我对她说那"花"是海胆的五颗聚在一起的白齿，"尾巴"则是跟嘴相对的部位。她走了，并不太相信。也许她的种子，那些在空壳里发出响声的沙粒，现在正放在一个缺口的旧土瓮里发着芽呢。

可见法维埃认识许多东西，而且他是因为吃过才认识的。他知道獾的脊背怎么好吃，他知道一块狐狸臀部肉的价值，他知道被称为荆棘鳗鱼的游蛇哪个部位最好吃；他曾把臭名昭著的"南方玻璃珠"单眼蜥蜴用油来烤；他曾考虑过油炸蝗虫这道菜。周游世界的生活使他做出了人们根本不可能做的菜，令我惊讶不已。

我对他观察仔细的鉴别力和对事物的记忆力也很惊奇。无论我随便描述什么植物，哪怕对他来说是毫无意思的无名杂草，只要树林中有这种植物，我几乎可以肯定他会把它带回来，并且告诉我在哪里可以找得到。即使是非常小的植物，他都能辨别得出。我发表了一篇关于沃克吕兹球菌的文章，为了作些补充，在气候不好的季节，昆虫停止了活动，我便重新借助放大镜采集植物标本。如果严寒把土冻得硬邦邦的，如果下雨把地变成烂泥浆，那么我就把法维埃从荒石园的工作中调出来，带他到树林里去，在荆棘丛生的乱草堆里，我们一道寻找这些非常细小的植物。球菌的小黑点使得遍地蔓生的枝丫都长着点点黑斑。他把那些最大的称为"炮弹火药"，有一种球菌，植物学家们也正是用这个词来指称的。他的发现比我丰富，对此他很自豪。玫瑰茄像一团黑色的乳头，乳头上包着一层淡红色棉絮般的绒毛，要是找到一枝这种绝色的植物，他一定会点一斗烟，犒赏一下他兴高采烈的热情。

他特别善于打发我在远出采集中遇到的讨厌鬼。农民很好奇，提起问题来就像小孩似的；但是农民的好奇掺杂着恶作剧，他们的问题带有嘲弄的意味。只要不懂的东西，他们就加以嘲笑。一个先生瞧着玻璃杯里一只用纱网捕来的苍蝇，一块从地上捡来的烂木头，难道还有什么比这更可笑的吗？法维埃只要一句话就足以制止这种不怀好意的询问。

我们弯着腰，一步一步地在地面上寻找史前时期的遗物：蛇形斧、黑陶器断片、燧石制的箭镞和矛头、碎片、刮削器、燧石块；这些东西在山的南坡很多。"你的主人要这些火石做什么？"一个突然来到的人问道。"给配门窗玻璃的人做填料。"法维埃以十分肯定的神情回答道。

我收集了一把兔粪，从放大镜下看到，上面有一种隐花植物值得以后进行研究。这时突然出现了一个多嘴多舌的人，他看到我小心翼翼地把发现的宝贝放到纸袋里去。他怀疑这是一桩钱财的生意，一笔荒诞的交易。对于乡下人来说，一切都归结为钱。在他们眼里，我靠兔粪发了大财。"你主人用这些屎干什么？"他狡黠地问法维埃。"他蒸馏这些兔粪来取粪汁。"我的助手十分镇静地回答道。询问者被这意想不到的回答弄得莫名其妙,转身走了。

不过我们别在这个敏于应答、爱好嘲弄的士兵身上花太多的笔墨,还是回到荒石园里引起我注意的东西上吧。几只砂泥蜂用脚搜索着,过一会儿飞一小段路,时而飞到有草的地方,时而飞到不毛之地。这时已接近五月中旬,一天,风和日暖,我看到它们停在满是灰尘的小路上,美滋滋地晒着太阳。这些全是毛刺砂泥蜂。我在第一卷中谈到过毛刺砂泥蜂的冬眠,以及在春天的时候,当别的猎食野味的膜翅目昆虫还躲在茧里时,它就开始捕猎了;我描述过它是怎样对给它的幼虫吃的小虫动手术的;我叙述过它多次把螫针分别刺在各个神经中枢。这种如此巧妙的活体解剖,我还只看见过一次,我很想再次看

3/4

毛刺砂泥蜂

看。由于我长途奔波,疲惫不堪,也许其间,有什么东西忽略了,况且即使我真的全看清楚了,也有必要再做一番观察,使观察的结果完全真实,无可置疑。我还要补充一句,即使看过上百遍,人们对于我想再看一看的场面,也是不会感到厌倦的。

因此当毛刺砂泥蜂一出现,我就开始监视;现在既然在我家里,离大门几步路的地方,就有这些昆虫,我只要肯用心,一定会找到它们的。三月末和四月过去了,我的等待一无所获,也许是筑窝的时候还未来到,或者更重要的是我的监视不得法。5月17日,幸运之神终于降临了。

几只砂泥蜂出现了,显得十分忙碌;我们注意观察较积极的那一只吧。我是在一条小径上,在被踩得结结实实的土里,对它的窝耙最后几耙时发现它的。这时狩猎者把已经麻醉的猎物幼虫,暂时

抛弃在离窝几米远的地方，还没有运进窝里去。当砂泥蜂确定这洞穴很合适，门足够宽可以把一只体积庞大的猎物运进去后，它便去寻找猎物，而且很容易便找到了。这是一只幼虫，躺在地上，已经爬满了蚂蚁。这条爬满蚂蚁的虫，狩猎者根本不想要。许多狩猎的膜翅目昆虫为了把住宅修整完善，或者刚开始做窝时，总是暂时把猎物丢到一旁。不过它们是把猎物放在高处，放在草丛上，不让它被别人抢走。砂泥蜂精通这种谨慎的做法，可是也许它忽略了预防措施，或者是因为这沉重的猎物在搬运中掉了下来，结果如今蚂蚁在争先恐后地拉扯着这丰盛的食物。要想把这些强盗赶走是不可能的，赶走一只，又有十只来进攻。砂泥蜂也许就是这样判断的，看到猎物被侵占后，它又重新去捕猎，没有任何争斗，因为争斗是毫无用处的。

砂泥蜂在窝四周十来米半径内寻找猎物，它用脚在土里，一点一点，不慌不忙地探索；它用弯成弓状的触角不断地拍打土地。不管是光秃秃的地，铺满碎石的地，还是长着草的地，它都一一搜索。当时烈日高照，天气闷热，预兆明天将会有雨，甚至晚上就会落下几滴。我在整整三个钟头中，眼睛一直盯着正在寻找猎物的砂泥蜂。可见对于现在就需要幼虫的砂泥蜂来说，要找到一只黄地老虎幼虫是多么的困难啊。

人要找到一只幼虫也一样不容易。读者了解我曾怎样去观察一只狩猎的飞蝗泥蜂，也知道飞蝗泥蜂为了给它的幼儿提供一块不能活动但没有死亡的肉，是怎样对猎物进行外科手术的。我拿走飞蝗泥蜂的猎物，给它换上一块一模一样的活肉①。我对于砂泥蜂也采取

---

① 见卷一第十一章。——校注

同样的办法，为了让它重复进行手术，我必须尽快找到几只黄地老虎幼虫，这样当它终于找到它所需要的黄地老虎幼虫时，好再用针来蜇它。

法维埃这时正在荒石园里忙着。我喊他："快点来，我需要几只黄地老虎幼虫。"这玩意我已经给他讲过，而且他也已经了解这件事情。我给他谈我的小昆虫以及它们要捕捉的幼虫，他大致知道了我所关心的昆虫的生活方式。他明白了，于是开始寻找起来。他在生菜下搜寻，在鸢尾旁查看。他的敏锐，他的灵巧，我是了解的；我相信他能办到。可是时间慢慢地过去了。"怎么样？法维埃，幼虫呢？""先生，我没找到。""真见鬼！克莱尔、阿格拉艾，都来帮忙吧，有多少人就来多少人，都来找吧，一定要找到！"我把全家的人都召集来了，个个都像对待即将发生的严重事件那样积极行动起来。我自己为了不失去砂泥蜂，一直待在岗位上，我一只眼盯着这个捕猎者，另一只眼搜寻黄地老虎幼虫。搜寻毫无结果；三个小时过去了，我们没有一个人找到幼虫。

砂泥蜂也没挖出幼虫。我看到它坚持不懈地在一些有点裂隙的地方寻找，它清扫地面，疲惫不堪，它用尽力气把一块杏子核大小的干土掀起来。可是它很快就放弃了这些地方。于是我产生了猜疑：如果说我们四五个人都找不到一只黄地老虎幼虫，不等于说砂泥蜂也是这么笨拙。人无能为力的，昆虫往往会取得成功。极端敏锐的感觉指引着昆虫，不会让它整整几个小时都迷失行动方向。也许预感到即将下雨，幼虫躲到更深的地方去了。捕猎者非常明白幼虫在哪里，可它无法把幼虫从深深的隐蔽所里挖出来。如果它试了几次后把一块地方放弃了，并不是因为它缺乏洞察力，而是因为没有挖掘的力气。凡是砂泥蜂刮耙的地方可能就有一只黄地老虎幼虫；它放弃这个地方，是因为它承认这样挖掘是它力所不及的。我没有早些想到这一点，真是太蠢了。难道偷猎专家会去注意什么也没有的地方吗？才不会呢！

于是我打算去帮助它。此时砂泥蜂正在搜寻一处光秃秃的耕地。它像在别处那样，放弃了这块地方。我自己用一把刀的刀背继续挖下去，我同样什么也没找到，便走开了。可是，砂泥蜂又回来了，在我清扫过的地方开始刮耙起来。我明白了："你走开吧，蠢货！"砂泥蜂似乎对我说，"我指给你看黄地老虎幼虫藏在哪里吧。"我按照它的指示，在那个地方挖掘，果真挖出了一条黄地老虎幼虫。啊！我说过的嘛，你是不会在没有幼虫的碎石堆中乱耙的！

从这以后，我便采用狗鼻子捕猎法，狗指出猎物在哪里，法维埃就把猎物弄出来。砂泥蜂指出合适的地点，我就把里面的东西挖出来。就这样，我获得了第二只，然后第三只，第四只，总是在几个月前铁镐翻动过的光秃秃的地方挖出来的。地的外表没有任何迹象表明这里有幼虫。怎么样，法维埃，克莱尔，阿格拉艾，你们觉得如何？你们三个钟头连一条黄地老虎幼虫也没有挖出来，而现在我想到去帮助砂泥蜂，结果我要多少只，它就会给我多少只。

现在我有丰富的替代品了；让这个捕猎者在我的帮助下得到第五只小虫吧。下面我阐述一下在我眼前发生的精彩戏剧。观察是在最有利的条件下进行的，我趴在地上，跟砂泥蜂离得非常近，任何一个细节都没有忽略。

砂泥蜂用大颚的弯钩抓住幼虫的颈脖。黄地老虎幼虫用力挣扎，扭曲的臀部转过来转过去。砂泥蜂无动于衷，它守在旁边，不让它碰到自己。螫针刺入位于腹面中线皮最细嫩处，即头部与胸部间的关节。螫针在伤口里停了一会儿，看来砂泥蜂欲螫刺的就是那个地方，它可以制服幼虫使它更易于摆弄。

接着砂泥蜂放掉猎物，自己匍伏在地，侧身转动，肢体抽搐摆动，翅膀颤抖，仿佛有死亡的危险。我害怕捕猎者在争斗中受到致命的打击，我担心这只英勇的砂泥蜂就这样可悲地死去，使我等待了这么长时间，将要进行的实验以失败告终。但是现在砂泥蜂平静下来了，它掸掸翅膀，弯弯触角，又以敏捷的步伐奔向幼虫。被我视为预兆即将死亡的痉挛，其实是它捕猎胜利后欣喜若狂的举动，砂泥蜂以自己的方式来庆祝扑杀了恶魔。

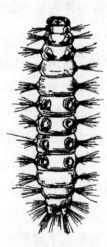

夜蛾幼虫（腹面）

手术者咬住幼虫背部的皮，位置比刚才低一点，刺入第二个体节，还是在腹面。我看到它在幼虫身上往后退，每次在背上咬的部位总是低一点，用像弯钩似的大颚咬着幼虫，然后每一次都把螫针刺入下一个体节。砂泥蜂按部就班、十分精确地后退，就好像猎手用尺子量着猎物似的。每后退一步，螫针就刺在下一个体节上，就这样把有腿的那三个胸足体节、后面两个无足的体节和腹足上的四个体节都螫刺了一下，总共刺了九下。不过它没有刺最后四个体节，那上面有三个无足体节和最后一个腹足体节或者说是第十三体节。动手术没有遇到严重的困难，黄地老虎幼虫被刺了第一针后，它的抵抗就软弱无力了。

最后，砂泥蜂把大颚的利钩完全打开，衔着幼虫的头，审慎地咬它，压它，但没有把它弄伤。砂泥蜂慢条斯理地一下接一下地压榨，似乎想了解每次压榨所产生的后果。它停下来，等了一会儿，然后再进行。为了达到预期的目的，头部的手术不能随心所欲，否则，就会把幼虫弄死，那么幼虫很快就会腐烂。所以砂泥蜂用的力度很有节制，但压榨的次数很多，约有二十来下。

外科手术结束了，黄地老虎幼虫侧身半蜷缩着躺在地上，一动不动，没有活力，它根本无力抵抗，捕猎者可以从容地挖洞，然后把它运进窝，它也不会伤害将以它为食粮的敌人的幼虫。砂泥蜂把它扔在动手术的地方，回到自己的窝里去了，我也跟着它。它对窝做了一些修缮，以便储存食物。窝的拱顶有一块卵石突出来，会妨碍把这个体积庞大的猎物放进地下食品储存室，它便把石头拔了出来。在艰苦的劳动中，砂泥蜂不停地摩擦翅膀，发出吱吱嘎嘎的声音。窝里的卧室不够宽敞，它便把卧室加大。工作在继续进行，我为了不漏掉砂泥蜂行动的任何细节，没有去照管那只猎物幼虫，蚂蚁都拥来了。当砂泥蜂和我回到猎物幼虫那里时，它浑身上下黑漆漆的，爬满了这些积极的碎尸者。对于我来说，这是令人遗憾的事故，对于砂泥蜂来说，则十分叫人恼火，这种不如意的事情已经发生两次了。

砂泥蜂似乎泄气了。我用备用的一只猎物幼虫来替换，但没有用，砂泥蜂对替换物不屑一顾。接着夜晚降临，天阴起来，甚至下了几滴雨。在这样的情况下，不可能指望它再进行狩猎，于是整个实验结束了，而我则无法利用已经准备好的黄地老虎幼虫。从下午一点到傍晚六点，我都把时间花在观察上，一刻也没停歇。

第三章　一种未知的感官

前面我详细地叙述了砂泥蜂猎虫的过程。我觉得我所看到的事实是具有重大意义的，即使荒石园不再给我提供任何东西，仅仅这一次观察就足以补偿一切。砂泥蜂为了麻醉黄地老虎幼虫所采取的手术方法，是我迄今为止所看到的本能方面最卓绝的表现。这种天生的学问多么卓尔不凡啊！难道不足以引起我们的深思吗！这个无意识的生理学家，具有多么巧妙的逻辑、多么稳健准确的本领啊！

谁如果也想看到这些奇迹，可不能指望在田间散散步就会碰巧遇到，而且即使出现这样的好机会，也是来不及利用的。我花了五个钟头观察，一刻也没离开，还无法完成计划中的实验，所以要取得好的效果就必须利用空闲在家里观察。因此实验的成功，我应当感谢这个粗陋的实验室。我把这秘密告诉想继续进行这种研究的人，收获是取之不竭的，人人都会得到几束麦穗。

按照砂泥蜂的工作顺序来观察它的捕猎，首先出现的问题是：它怎么发现黄地老虎幼虫在地下躲藏的地点呢？

外表上，至少眼睛看来，没有任何迹象表明幼虫的藏身处。藏有猎物的地面可以是光秃秃的或者长着草的，是布满石头的或者全是泥土的，是连成一片的或者龟裂为条条小缝的。对于狩猎者来说，什么样的外表都无所谓，它搜索所有的地方，对哪一处也不偏爱。不管砂泥蜂停在哪里并且搜寻一段时间，我怎样也看不出这地方有什么特别之处；可是那里就是会有一条黄地老虎幼虫。我前面的叙述令我相信，我接连五次靠着砂泥蜂的帮助找到了幼虫，而砂泥蜂则因为无力挖掘而沮丧了。因此，可以肯定这不是视觉的问题。

那么是哪种感官呢？嗅觉吗？我们来看看究竟是怎么回事吧。进行寻找的器官是触角，这是业经证实了的。触角弯成弓形，不断颤动，砂泥蜂用它来轻轻快速地拍打土地。如果发现缝隙，便把颤动的细丝伸进去探测；如果一簇禾本科植物的根茎像网似的蔓延在地面上，它便加紧抖动触角，搜索根茎网络洼陷的地方。触角的末端彼此贴在一起，在探索的位置上几乎粘在一起，就像是两根有触觉的丝条，两个活动自如的手指，通过触摸来探听情况。但是要查出地下有什么，触摸是没有用的；因为它要触摸的是黄地老虎幼虫，可这虫子却躲在地下几法寸深处的地穴里。

负葬甲

于是我们想到嗅觉。昆虫，毫无疑义，拥有嗅觉官能，而且往往非常发达。负葬甲、葬尸甲、阎虫、皮蠹，从四面八方向埋着一具小小尸体的地点跑去，它们必须从土里把尸体挖出来。在嗅觉的指引下，这些收尸者急急忙忙向这只死鼹鼠跑来了。

但是，如果昆虫确实存在嗅觉，那么还得考虑一下嗅觉器官到底在哪里。很多人断言它存在于触角中。即使接受这种说法，我也很难理解，由角质的环一节节组成的一根茎，怎么能起到鼻孔的作用，因为鼻孔的结构是如此的不同。两个器官的组织毫无共同之处，难道感觉会一样吗？工具不同，它们的功用会一样吗？

何况，就砂泥蜂而言，我们可以对此说法提出更重要的反对意见。嗅觉是一种被动的而不是主动的感官，它不像触觉那样主动去感觉，它是接受感觉；当气味传来时，它接受下来，而不是主动打探哪里有气味在散发。然而，砂泥蜂的触角不断地颤动；它在打探，它主动去感觉。去感觉什么？如果的确是感觉气味，那么对它来说，一动不动比起动个不停可能更有利。

不仅如此，如果没有气味，就谈不上嗅觉。我曾亲自对黄地老虎幼虫做过鉴定，我让鼻孔比我敏感得多的年轻人去闻闻幼虫，我们没有一个人闻出幼虫有什么气味。狗的嗅觉灵敏是人所共知的，当它用鼻子拱到地下探测时，它是受块茎的香味指引，这香味即使透过厚厚的土层闻起来也很香。我承认狗的嗅觉比我们灵敏，它可以闻得更远，它接受到的感觉更强烈而且更持久；然而它是由于散发的气味而产生感觉的，这种气味在远近合适的条件下，我们的鼻孔也能感觉得出来。

如果人们一定要坚持，我也可以同意砂泥蜂具有跟狗一样的嗅觉甚至更灵敏；但这也需要有气味，因此我寻思，摆在人的鼻孔跟前都没有气味的东西，昆虫透过土层的障碍怎么能够闻到呢？从人直至纤毛虫，如果感官有着同样的功能，那就有同样的刺激体。对于我们来说，在绝对黑暗的环境中，就我所知，任何动物都不可能清楚地看到东西的。我们可以说，动物的敏感性虽然在实质上是一样的，感受力的程度却有高低之分；有的类别能力大些，有的小些；有的东西，有的动物能够感觉到，有的动物却感觉不到。对此我很清楚，可是，一般而言，昆虫的嗅觉感受力似乎并不是出类拔萃的；吸引它的气味并不是靠极其敏锐的嗅觉感受到的。当皮蠹、负葬甲、阎虫涌入死尸味的花盅里不再出来时，当一群群苍蝇围着一条鼓着青色肚子的死狗嗡嗡叫时，四周充满了臭味。难道还要昆虫具有极其敏锐的嗅觉，才能发现烂肉和臭奶酪吗？我们看到，这些虫子无论奔向哪里，它们肯定是靠嗅觉来指导的，而我们也总

皮蠹

能闻出一种气味来。

　　还剩下听觉我没有谈到，靠这种感官，昆虫也不能很好地打探到消息。听觉感官在哪里？有的人说在触角里。的确，敏感的触角受到声音的刺激，似乎完全可以颤动起来。用触角探索地点的砂泥蜂，可能是由于从地里传出来的轻微声响，比如大颚啃草根的声响，幼虫扭动屁股的声响，从而知道那里有黄地老虎幼虫。这声音是多么微弱，要穿过吸音的土地而传出来，有时是多么的困难啊！

　　这声音远不止是微弱，而是根本没有。黄地老虎幼虫是夜间活动的，白天，它蜷缩在地洞里，一动不动。它也不啃东西；至少我依靠砂泥蜂的指示挖出来的黄地老虎幼虫不啃任何东西，因为根本没有任何东西可啃。它们在一个没有树根的土层里一动不动；因此，它是安安静静，没有声音的。我觉得，听觉也跟嗅觉一样可以被排除。

　　可是，问题又出来了，而且更加模糊难解。砂泥蜂怎样辨别出地下有黄地老虎幼虫呢？毫无疑问，触角是引路的器官。但是，触角不具备嗅觉器官的作用，除非同意这样的说法：这些触角的表面虽然又干又硬，丝毫没有嗅觉器官所需要的纤细结构，却能感觉到我们根本闻不出来的味道。如果这样，那就是承认粗糙的工具能做出精美的作品。触角也不具备听觉器官的作用，因为没有声音可听。那么触角究竟有什么作用呢？我不知道，而且对于以后有一天能否知道也不抱希望。

　　我们总是倾向于，而且大概也只能如此，倾向于用我们略知一二的唯一尺度去衡量万物；我们把我们的感知方式赋予动物，而没有想到它们很可能具有别的方式，我们对此不可能有明确的概念，因为我们之间没有丝毫类似之处。我们真的能肯定，它们不会

菊头蝠

程度不同地拥有某种方式来感觉吗？我们不知道它们的感觉是怎么回事，就像如果我们是瞎子，对于颜色没有感觉一样。难道我们对于物质已经没有任何不明白的东西了吗？难道我们就这么确信，对于有生命的物体来说，感觉只是靠着光、音、味、香、可触摸的特性显示出来吗？物理学和化学，虽然还非常年轻，却已经向我们证明，我们所不了解的黑暗中有大量东西可以收获。相比起来，科学的麦束渺小得微不足道。一种新的感官，也许就存在于菊头蝠那迄今仍被夸张地说成是怪诞的鼻子中，也许就存在于砂泥蜂的触角里。这个触角给我们的研究揭开了一个未知的世界，一个我们的肌体结构肯定永远不会让我们想到要去探索的世界。物质的某些特性，虽然在我们身上没有产生能够感受到的作用，在具有与我们不同感官的动物身上，难道不会产生一种反响来回应吗？

斯帕朗扎尼①在一间房里顺着各个方向扯了许多绳子，又堆了好些堆荆棘，把房间变成了迷宫。他把蝙蝠弄瞎，然后放到房间里。这些蝙蝠怎样彼此认识，迅速飞行，在房间里飞来飞去，可又不会碰到设置的障碍呢？是哪种与我们类似的感官在指引它们呢？谁愿意告诉我并使我明白这个道理呢？我也想弄明白，砂泥蜂借助触角怎样万无一失地找到幼虫的地穴。请你别跟我谈什么嗅觉；要谈嗅觉，就得假设这种嗅觉灵敏得无以复加，但事实却表明，它拥有的器官似乎不是用来感知气味的。

还有多少无法理解的事情，令我们可以相信昆虫的嗅觉啊！我

---

① 斯帕朗扎尼（1729—1799）：意大利生物学家。——校注

们可以高谈阔论，解释嘛是现成的，用不着艰苦的调查。但是，如果想深入考察这个问题，如果我们将所有的事实加以比较，那么一道无知的悬崖峭壁就会竖立在我们面前，从我们顽固要走的小路是翻越不过去的。那么我们就换条路走，并且承认动物跟我们有不同的获取信息的手段吧。我们的感官并不代表动物感知世界的所有方式；它们还有许多别的方式，跟我们的方式不相似，甚至相差甚远。

如果砂泥蜂的行为是一件孤立的事实，那我前面就不会浪费这么多的笔墨；我打算指出一些最挑剔的人也不得不相信的奇怪事。我先叙述事实，然后再回到这些一定存在，但我们并不知道的特别的感官问题上来。

我再谈谈黄地老虎幼虫，更详尽地了解这种幼虫还是有必要的。我有四只黄地老虎幼虫，都是在砂泥蜂指出的地方用刀挖出来的。我的企图是一只一只地用它们来替换作为牺牲品的猎物，好看看砂泥蜂如何重复进行外科手术。因为这个计划没有成功，我便把幼虫放到短颈大口瓶里，上面铺了一层土，再盖上生菜心。白天，囚犯们一直待在土底下，晚上它们爬到土层上面来，我看到它们在生菜下面啃咬。到了八月，它们躲在土里不再出来，织造一个外表非常粗糙的像小鸽子蛋大的椭圆形茧。八月底，从茧里羽化出一只蛾，我认出这是黄地老虎。

可见毛刺砂泥蜂是把黄地老虎幼虫给它的幼虫吃，而且它只在具有地下生活习性的类别中进行挑选。这些幼虫因为外表淡灰色，俗称灰毛虫，是农作物和花园里最可怕的祸害。它们白天潜伏在地穴深处，晚上爬到地面上来啃草本植物的根茎，不管是观赏植物还是蔬菜，它们都要吃。花圃、菜畦、农田，全都遭到它们的蹂躏。一棵苗无缘无故枯了，你轻轻地一扯，垂死的苗就被扯了起来，它的根被咬断了。黄地老虎幼虫夜里从那里经过，这些贪婪的家伙用大颚把苗咬死了。它造成的破坏与鳃金龟的幼虫不相上下。如果它在甜菜地里大量繁殖，损失的价值可以百万计。这就是砂泥蜂帮助我们消灭的可怕的敌人。

我极力向农民推荐这位宝贵的助手，在春天它那么积极地寻找黄地老虎幼虫，它是善于发现幼虫藏身处的助手。园子里有一只砂泥蜂，也许就会把一畦生菜和一花园的凤仙花，从死亡的危险中拯救出来。但是我的叮咛有什么用！没有一个人想帮助这种可亲的膜翅目昆虫，它敏捷地从一条小径飞到另一条小径，查看花园的一角，然后飞到下一个园子；可是也没有任何人想到，唉，没有一个人会想到去帮助它繁衍啊。

在大多数情况下，我们对昆虫都无能为力；我们无法在它有害时便消灭它，如果有益便保护它。人类挖运河把大陆切成一块块以沟通两个海洋，人类开隧道穿过阿尔卑斯山，人类能够称量太阳的重量；可是却无法阻止一个可恶的小家伙先于他尝尝他的樱桃，阻止一只讨厌的小虫子毁灭他的葡萄园！泰坦被俾格米人①打败了。既有力量，却又软弱无力，多么奇怪的对照啊！

可是现在，在昆虫世界里，我们有了一个具有无上才能的助手，一个万恶的敌人黄地老虎幼虫的举世无双的天敌。我们能不能够帮帮忙，让它在我们的田里和园子里繁衍呢？一点也帮不上忙，因为繁衍砂泥蜂的第一个条件就是繁衍黄地老虎幼虫，这是砂泥蜂幼虫的唯一食粮。饲养的困难更无法克服，砂泥蜂可不像蜜蜂那样，由于群居的习性而决不离开它的蜂窝；它更不是爬在桑叶上那

---

① 泰坦是希腊神话中的巨人族，天神乌拉纽斯和地神格伊阿斯所生的子女，共十二人，六男六女。俾格米则是小人国的人。——译注

愚蠢的蚕和那笨重的蛾，拍拍翅膀，交配，产卵，然后死掉；这种昆虫迁徙无常，飞行迅速，而且我行我素，不受约束。

何况，第一个条件就让人弃绝了任何的希望。我们想要乐于助人的砂泥蜂吗？那么我们就只好听任黄地老虎幼虫虫满为患。于是我们将落入一个恶性循环之中：为了得益，必须求助于害。由于匪帮的存在，我们的田里便出现了救助的部队；但是没有后者，前者是不会来的，两者在数目上总是不相上下。黄地老虎幼虫多了，砂泥蜂才能给它的幼虫找到丰盛的猎物，于是它的家族便昌盛；黄地老虎幼虫缺乏，砂泥蜂的后代就少了，绝种了。昌盛和衰亡，以这样的循环调整吞噬者和被吞噬者的比例，是一条永恒的规律。

第四章 ✦ 关于本能的理论

各种捕食性膜翅目昆虫给幼虫提供的猎物必须一动不动，为的是不让猎物的自卫动作，伤害娇弱的卵和由卵孵出来的幼虫；另外，这种没有活力的猎物却又必须是活的，因为幼虫不要尸体作为食物，它的口粮必须是鲜肉而不是罐头。我在第一卷中，相当详尽地谈到静止不动和具有生命这两个互相矛盾的条件，所以用不着再强调。我曾指出膜翅目昆虫怎样以麻醉的手段，来实现这两个条件：麻醉使猎物无法动弹，却又使机体的生命力安然无损。昆虫以令我们最著名的活体解剖学者都羡慕不已的灵活手段，将有毒的螫针刺入肌肉活动的策源地神经中枢。根据神经器官的结构，神经节的数目和集中情况，手术师决定只螫一下，或者两下，三下或好几下。螫针的动作是根据对猎物的精确解剖学知识来决定的。

毛刺砂泥蜂的猎物是一种幼虫，它的各个神经中枢彼此隔开，一个个地分布在各个体节上，所起的作用各自独立。这种幼虫非常健壮有力，它的臀部只要一动，就会把卵在墙壁上撞碎。因此只有在它完全不能动的情况下，才能把它储藏在蜂房里，跟砂泥蜂的卵放在一起。

由于神经分布中心的相对独立，一个体节被麻醉得不能动弹，并不能使相邻的体节也失去感觉，因此必须对所有的体节，从第一个体节到最后一个体节，至少是对最重要的那些体节逐个动手术。这可能要最专门的生理学家才能胜任，可砂泥蜂能够做好这手术，它的螫针从一个体节到下一个体节九次螫入不同的部位。

它比生理学家干得更出色。幼虫由于头部仍然完好无损，靠着大颚的灵活转动，可以在路途中抓住牢牢长在土里的麦秸，给砂泥蜂的运输造成不可克服的阻力；头脑这个首要的神经中枢会激起隐蔽的反抗，使得运输这样的重负更加碍手碍脚。因此，必须避免这样的麻烦，使幼虫陷于一种毫无抵抗意识的麻木状态，于是砂泥蜂便压迫幼虫的头。它小心翼翼地不把螫针蜇到脑里，如果脑神经节受到致命伤，就会一针把幼虫杀死，这种笨拙的行为是绝对要避免的。它只是把幼虫的头放在大颚里面

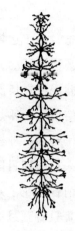

幼虫的神经系统

有克制地压迫；而且每次它停下来时都要验证一下效果如何，因为要打击的是一个敏感的部位，麻木不能超过一定的程度，否则幼虫就会死。它就这样让幼虫陷于半睡眠状态从而失去意志力。现在幼虫不可能反抗，不可能企图反抗了，砂泥蜂就抓住它的颈子，把它拖到窝里去。这样一些事实是很有说服力而且是毋庸置疑的。

我两次看到毛刺砂泥蜂做外科手术，我曾叙述过我在很久以前的第一次观察。那次观察是在没有准备的情况下做的，而这一次是事先策划好的，是在时间非常充裕的条件下完成的，因此看得十分清楚。两次的相似之处在于螫针刺了多次，有条不紊地从前到后刺在腹面。两次蜇刺的次数真是一样的吗？目前这一次，恰好九次；可我在安格尔高原上看到的被动手术的那只幼虫，我似乎觉得蜇刺的伤口更多些，不过我无法精确地说蜇了多少下。很可能蜇刺的次数会有所不同，幼虫最后一个体节远没有其他体节重要，应当是砂泥蜂根据猎物的大小和力气，决定刺或者不刺这个体节。

另外，我在第二次观察中还看到了压迫脑袋，使猎物处于麻木状态，便于运输和储存。第一次观察时，这个值得注意的事实我是不会遗漏掉的，可见那一次没有进行这一操作。因此，脑部压迫法是砂泥蜂在情况需要时，例如当猎物在路途中似乎会进行反抗，灵活使用的一种办法。

对脑部神经节的压迫是可有可无的，因为这并不关系到后代的未来；膜翅目昆虫在需要时，为了方便运输，才进行这一操作。我从前曾经花了好大的劲观察朗格多克飞蝗泥蜂，经常看到它捕猎，但我只看到过一次，它就在我眼前，在距螽的颈上做这个手术。因此，毛刺砂泥蜂的战略，就其不变且绝对必须的要素来说，就是把螫针一下下地刺到腹面沿着中线分布的所有神经中枢里去。

我把膜翅目昆虫的凶杀手段跟人类，当然是以快速扑杀为职业的有实际经验的人进行比较。我想在此提到一个童年的回忆。那时我是个12岁的小学生，老师跟我们讲解梅丽贝的不幸，她在蒂迪尔[①]的怀中倾诉自己的悲伤，蒂迪尔把他的栗子、奶酪和新编的蕨草垫送给她；老师要我们背诵小拉辛[②]的一首诗《宗教》。对于更关心弹子而不关心神学的孩子来说，这真是一首奇怪的诗！我现在仅仅记住两句半：

......

最后藏身于污泥，

昆虫居然对自己的价值深信不疑，

---

① 梅丽贝和蒂迪尔：古希腊诗人忒奥克里托斯（约前310—前250）《田园诗》中的牧羊女和牧羊人。——译注
② 拉辛（1639—1699）：法国诗人。——译注

为受蔑视起诉我们，要求道歉赔礼。

　　为什么这两句半留在我的脑海里，其余的却全都忘了呢？因为金龟子和我已经成为朋友了。这两句半令我不安，你们这些昆虫，你们的衣着是这么清洁，你们的打扮是这么得体，你们要到污泥中去住，这种想法是非常荒唐的。我知道步甲装备着黝黑的胸甲，鹿角锹甲穿着俄罗斯皮革的紧身外衣；我知道你们中最小的也都有乌木色的光泽，贵金属的光亮；所以诗人要你们到污泥里去，使我有点气愤。如果小拉辛对于你们没有更恰当的话可说，那他就别说好了；可是他并不了解你们，而在他那个时代，几乎还没有几个人注意到你们。

　　我一面为了应付下一堂课而背诵这令人生厌的诗歌，一面随自己的心意接受另一种教育。刺柏丛长得有我那么高，朱顶雀的窝就筑在上面，我到它的窝里看望它；松鸦在地上啄食橡栗，我在一旁窥视；刚刚蜕皮浑身还软软的螯虾，被我无意中撞见；我探询鳃金龟到来的准确时期；我寻找第一朵绽开的报春花。动物和植物是奇妙的诗篇，在我童稚的脑海里出现了隐隐约约的回声，使我很幸运地在枯燥乏味的亚历山大诗体①中得以散散心。生活的问题和另一个令人惆怅的问题——死亡，有时也在我的脑海里闪过。这种萦回脑际的困扰，随着年龄的增长而淡忘，但某种偶然的事情把它勾了起来，这可怕的问题又出现了。

　　一天，我从屠宰场前走过，看到屠户拉着一头牛走来。我过去总是害怕见到血，我年轻时候，看到流血的伤口，就会受到强烈的

---

①　亚历山大诗体：法国诗歌中的主要诗体，可用来进行叙事性描写，也可以抒发宏伟的爱国感情。——校注

刺激而晕过去，好多次几乎因此丢了性命。我怎么会有勇气走进这可怕的屠宰场呢？可能是死亡这个悲惨的问题刺激着我，我跟着牛走进去了。

牛角用一根结实的绳子绑住，牛鼻子湿湿的，那头牛目光平静地向前走，好像是向牛栏里的秣槽走去似的。人走在前面，手牵着绳子。我们走进了死亡之室，地上到处是内脏和一摊摊的血，整个房间臭哄哄的，令人恶心。牛认出这儿不是牛栏，它害怕得眼睛发红，它抵抗，它想逃走。但是地板上有一个环牢牢钉在石板上，那个人把绳子穿过铁环，往前拉。牛低下头，鼻子顶着地。一个助手抓住牛角把牛按着，屠户拿起一把尖刃的刀，这把刀一点也不吓人，并不比我的马裤口袋里的那把刀大。他手指在牛颈上找了一会儿，刀戳进选好的部位。这只大牲口颤抖了一下，然后就像被击毙似的倒了下来；这我们过去就叫作"牛躺在地上"。

我跌跌撞撞地从那里出来，心里老在琢磨，用一把几乎跟我用来打开核桃壳、剥栗子皮一样的刀，刀刃一点也不起眼的刀，怎么就能够杀死一头牛，而且死得这么快呢？没有巨大的伤口，没有遍地流血，没有哀鸣。屠户用手指寻找部位，一刀刺入就了事，牛腿一弯就倒下了。

这样的猝然死去，这样的倒毙，对我来说一直是个惊心动魄的谜。很久以后，我偶然读了解剖学的一些片段，才明白了屠宰场的秘密。屠户切断了牛的颅骨处的脊髓，他切开了生理学家称为生命结的部位。今天我可以说，他是按照膜翅目昆虫把螯针刺入幼虫神经中枢的办法来动手术的。

我们在更扣人心弦的条件下，再一次看看这个场面吧。这是南美洲的牛肉腌制场，一个巨大的宰牛和腌肉场所，一天的宰牛数目高达1200头。我把一位目击者的叙述转抄在这里[1]。

　　成群的牲口来到了，宰杀在牛到达的第二天进行。整群牛关在一个封闭的称为"玛格拉"的地方，几个骑马的人隔一段时间便把五六十条牛赶进一个更狭窄、封闭得更严密的场所，地面倾斜，铺着砖头、木板或者混凝土，但都非常光滑。一个专业工人站在沿着玛格拉的墙盖起来的平台上，抓住一只牛的套牛索，更经常是抓住牛角。套牛的绳子又长又结实，中间部分卷在绞盘上。一种牲口，通常是一匹马或者是一对牛拉着绳子的末端，把疲乏不堪的牛拖过来。这牛挣扎，可还是一直滑到绞盘那里，被绞盘顶住，完全不能动弹。

　　这时另一个也是站在平台上的工人，叫作刺颈师的，把刀戳进牛头后部的枕骨和第二颈椎之间，牛就毙命了，猝倒在一辆活动的翻斗车上被拉走。牛立即倒在倾斜的地面上，一些工人马上给它放血剥皮。但是由于刺在颈椎上的伤口位置和大小很不相同，这些不幸的畜牲往往心还在跳动，还能呼吸；于是它在刀下反抗鸣叫，四肢踢蹬，皮已经剥了一半，它的肚子大大敞开。这些工人浑身是血，七手八脚地把所有畜牲活活剥皮，切成碎块，腌制起来。再没有比这更悲惨的场面了。

牛肉腌制场准确地重复了我在屠宰场看到的屠杀方法。在这两个宰牛工场里，人们刺伤牛颅骨下的颈椎。砂泥蜂的手术方法与此类似，不同的是，由于猎物身体组织的缘故，它的外科手术复杂得

---

[1] L. 库笛，《科学杂志》，1881年8月6日。——原注

多，困难得多。如果考虑到砂泥蜂所取得的成果是那么完美，那么，优势还在砂泥蜂。它的猎物幼虫不像被切断颈椎的牛那样是一具尸体；猎物还活着，只是不能动而已。从各个方面来看，在这一点上，昆虫比人强。

不过，像牛这样的庞然大物是不会让人屠杀而不进行殊死抵抗的，我们国家的屠户，南美潘帕斯草原的刺颈师，怎么会想到把尖刀插入脊椎的根部，使牛猝然死去的呢？除了干这一行的人和科学家之外，没有一个人会知道，会猜想到，这么一记戳伤会产生立即毙命的结果。在这个问题上，我们几乎所有的人都跟我当时出于幼稚的好奇心进入屠宰场时一样的无知。刺颈师和屠户，通过继承传统和遵循榜样而学会了这一技术；他们有师傅，师傅又是另一个师傅的徒弟，通过传统的链条可以一直追溯到祖师爷，他很可能在狩猎中看到了刺伤颈部的惊人后果。谁能说不是由于偶然把尖燧石片刺入驯鹿或者猛犸的脊椎，引起了刺颈师的先辈的注意呢？一桩偶然的事使人们产生初步的想法，这想法由观察而证实，经思考而成熟，靠传统得以保存，借示范得到推广。在将来，也是依靠这样世代相传。刺颈师的后代，如果没有师傅，即使一代又一代下去也没用，他会像最初那样的无知。遗传并不能把刺杀脊髓的技术传下来，人不是生来就是会使用刺颈师的方法宰杀牛。

砂泥蜂用高明得多的办法来搏击猎物。螯针术师傅在哪里？压根没有什么螯针术师傅，当砂泥蜂咬破茧从地底下出来时，前辈早就死了；它自己也会见不到后代就死去。把食橱装满食物和产下卵后，它跟后代的一切关系便结束了；这一代死的时候，下一代还处于幼虫状态，睡在地下丝摇篮里。所以绝对没有通过现身说法的教育来传授技术，砂泥蜂生来就是完美的刺颈师，就跟我们生来就会吮吸母亲的乳汁一样，从来用不着学。婴儿靠他的嘴吸奶，砂泥蜂靠它的螯针狩猎；两者在第一次实验时，就是这困难技术的大师。像心和肺的节奏一样成为生命的主要部分，并通过遗传而传下来的，就是这种本能，这种无意识的驱动力。

如果可能，我试图追溯砂泥蜂本能的根源。今天，一种需要比任何时候都更萦回在我的脑际，我想解释可能无法解释的事情。有种人，而且数目还在日益增多，他们解决重大问题时的大胆，令人钦佩得无以复加。你给他们六个细胞、一点原生质和一个说明示意图，他们就可以解释一切。有机世界、智力和道德世界，一切都从原细胞衍生出来，并且是以它自己的能量演化。本能并不比这困难，本能是一种既得的习惯，它在某种对动物有利的偶然行为激发下表现出来。关于这问题，人们提出自然选择、遗传、生存竞争作为理由。我完全注意到了人们所使用的庄严话语，可我宁愿要一些不起眼的事实。我收集、观察这些不起眼的事实，行将四十年了，可这些事实并不完全符合当前的流行理论。

你们对我说，本能是一种既得的习惯，一个有利于动物后代的偶然事实，是本能的第一刺激物。我将进一步考察这件事。如果我没有理解错，你们说，在非常遥远的过去，某只砂泥蜂曾经偶然击中猎物的神经中枢，它觉得这样做很好。对于它来说，这是一场没有危险的斗争；而对于它的幼虫来说，则可提供充满生命力可又不会造成伤害的新鲜野味，因此它可能通过遗传，使它的后代具有采取这种战术的习性。母亲的赠与并不会使所有的子孙都同样得益；在使用这种新螯针战术方面，有的笨拙，有的灵巧。于是便出现了生存竞争，可恶的战败者活该倒霉①。弱者死亡，强者昌盛；代复一代，这种生存竞争的选择使最初那短暂的印迹，转变成深刻而不可磨灭的烙印，变成今天的膜翅目昆虫身上令我们赞叹不已的高明本能。

好吧，我真心诚意承认，可人们有些过于注重偶然性了。当砂泥蜂第一次遇到猎物时，照你们的说法，没有任何东西会指导它使用螯针，它选择蜇刺的部位是没有道理可讲的。根据一场肉搏战时的机会，螯针可能刺到猎物的背部，腹面，侧面，哪里都可以。蜜蜂和胡蜂能够蜇到哪里，就把螯针蜇在哪里，并不是非要刺到某个部位不可。砂泥蜂也应该是这样的，因为它对它的技术也还不了解。

可是在一只黄地老虎幼虫身上，在表面和内部，有多少个部位呢？严密的数学答复说数目是无限的，我们就算它几百个部位吧。在这几百的数目中，要选的是九个部位，或许更多些，螯针必须刺到那里而不是别的地方；刺得高一点，低一点，偏一点，就无法达到要求的效果。如果有利的事件是偶然造成，那么需要多少次组合才能得到这个结果，需要多少时间才能把所有可能的情况都排除掉？这困难实在太大，于是你们就躲藏在迷雾般的年代后面，退缩到所能够想象到的蒙昧的遥远的过去，你们求助于时间，时间这个因素我们掌握得很少，但正因为如此，用它来掩饰我们的想入非非却很适合。你可以随心所欲，随便推到什么年代都可以。我们把几百个价值不同的符号放在一个瓮里洗乱，随便抽出九个来，我们要

① 古代高卢人的领袖布伦努斯（活动时期公元前4世纪初）率兵占领罗马，罗马人在天平上称金子，想用金子换取他撤兵。布伦努斯把他的剑掷在天平上，并说了这句话，意思是：战败者就得听从战胜者的摆布！——译注

到什么时候才能抽到一个事先确定的组合，独一无二的组合呢？计算答复说，机会非常小，几乎等于零，所期待的组合是永远不会出现的。对于古代的砂泥蜂来说，实验只能从当年到来年隔了很长时间后才能再进行，因此，从充满偶然性的瓮里，怎么能抽出在九个选定的部位蜇刺九下这个组合呢？如果我必须求助于无限的时间，那么我真怕是自己在讲荒诞无稽之事。

你们又会说，昆虫不是一下子就达到目前的手术水准的；它要经过实验、学习，逐步熟练起来。自然淘汰进行了选择，消灭不在行的，保留天赋好的；每只昆虫逐步积累的才能加上遗传下来的才能，终于逐步发展成了我们现在看到的这种本能。

这种理由是站不住脚的，本能逐步发展起来是显然不可能的。给幼虫供应食物只能由师傅进行，学徒是干不了的；膜翅目昆虫必须一出手就精于此道，否则它就干不了这事。把个子和力气比自己大得多的猎物拖回家储存起来；刚孵出的幼虫在狭小的巢室里平安无事地咬嚼一只比较大的活猎物。实现这两个条件的唯一办法，就是使猎物无法动弹。要想使猎物完全无法动弹，螫针就要刺多次，每一针都刺在运动神经中心上。如果麻醉不充分，黄地老虎幼虫就会反抗猎手的努力，在路上进行绝望的斗争，砂泥蜂就到达不了目的地；如果不是完全一动不动，产在猎物身上某个部位的卵，就会由于巨人扭动身子而死去。没有可接受的折中办法，事情做成一半也不行。如果按部就班地给猎物动手术，那么砂泥蜂的种族就能绵延下去；如果猎物只是局部麻醉，那么砂泥蜂的后代没孵化出来就会死在卵中。

根据事物的无法回避的逻辑，我们必须承认，第一只毛刺砂泥蜂在抓住一只黄地老虎幼虫来喂养它的幼虫时，所使用的方法就是正确的，就像今天的毛刺砂泥蜂给黄地老虎幼虫动手术一样。它抓住猎物的颈子，从腹面刺入每个神经中枢；如果这巨物还有抵抗的表示，它就压迫它的脑袋。我再次强调，手术只能这样进行，不精于此道、干起活来不彻底的杀手，是不会有后代的，因为它不可能育卵。如果没有完善的外科手术，捕猎大猎物的猎手第一代就要绝后了。

我还同意你们这种说法：毛刺砂泥蜂在捕猎黄地老虎幼虫之前，可能是选择比较小的猎物，在同一蜂房里堆放好几条，直至食物的总量有今天的大猎物那么多。猎物弱小，只要刺几下，也许只要一下就够了，逐渐地，砂泥蜂喜欢起体积大的猎物来，因为这样可以减少狩猎远征的次数，而由于俘虏抵抗加强，蜇刺的数目也就多了，于是原先简陋的本能一步步变成了今天完善的本能。

关于本能的进化这个问题，我首先可以这样回答：改变婴儿的饮食习惯，用一只猎物来取代许多猎物，与我所观察到的情况完全相反。捕食性膜翅目昆虫，就我所了解的而言，极端忠实于古老的习惯，它们有它们绝不会违反的限制消费法。以象虫喂养幼儿的，在幼儿的蜂房里只放象虫而不放别的任何东西；以吉丁为食物的，坚持选定的菜肴，把吉丁给它的幼虫吃。飞蝗泥蜂一种吃蟋蟀，另一种吃距螽，第三种吃蝗虫。除此之外，别的都不要。捕猎蚜的泥蜂觉得蚜的味道鲜美而舍不得丢掉；大唇泥蜂的食橱里装的是修女螳螂，而对任何别的野味都不屑一顾。其他的昆虫也是这样，各有所好。

诚然，有许多昆虫允许食品多样化，但只是在同一昆虫类别的范围内进行选择；比如象虫和吉丁的捕猎者，它们捕捉凭自己的力气能够捕捉到的各种象虫或吉丁。毛刺砂泥蜂改变饮食制度可能就属于这种情况。每个蜂房里放的虫小但数量多，或者虫大而只有一只，但是猎物总是幼虫。至此一切都还解释得通；可是，砂泥蜂改变习性，用一只虫来代替多只虫，我连一例也没有见到过。凡是在食橱里装一只猎物的，绝不会想到要在里面堆放几只小点的；凡是要多次远征，在蜂房里存放好些只猎物的，就根本不知道去选大一点的，只储存一只。我观察的记录，在这一点上总是不变的。从前的砂泥蜂放弃多只猎物而采用一只猎物，这只是猜测罢了，没有任何证据可以证明。

那么，我们姑且同意这种说法，问题是不是有所进展呢？丝毫没有。假定说吧，最初的猎物是一只弱小的幼虫，螯针刺一下就昏昏沉沉了。可是螯针的这一刺还不能随便刺在什么部位，否则不但没用，反而有害。幼虫受到刺激却又没有被蜇伤得不能动弹，它就会变得更加危险。螯针应当刺到一个神经中枢，就刺在神经节串的中间部位。至少在我看来，今天的砂泥蜂，如果喜欢劫持纤弱的幼虫，就是这样行事的。手术者毫无章法地使用带螯针的柳叶刀，有可能刺到这唯一的部位吗？可能性极小，因为这是幼虫身体上无数部位中的唯一部位。可是按照这种理论，膜翅目昆虫的未来就建筑在这种可能性上。这座建造在一根针尖上的建筑物，真是太平衡不过的啊！

我们姑且也同意这种说法，然后继续谈下去。关键部位被刺中了，猎物处于昏昏沉沉的状态；产在猎物身上的卵发育良好而没有危险。这样足够了吗？为了将来有一对虫好生育后代，必须产下另一个卵。于是在间隔没几天，没几小时之后，第二次蜇刺就必须跟第一次一样碰巧刺到规定的部位。这就等于要求重复发生不可能的事，这是不可能的事的二次方。

然而，我们可别气馁，把问题穷究到底吧。这里有一只膜翅目昆虫，砂泥蜂的随便哪个祖先吧，它吉星高照，多次成功地使猎物处于育卵所绝对必要的昏沉状态，它虽然把螯针刺到了某个神经中枢，可它并不知道，也没有料到。既然没有任何东西促使它进行选择，可见它只是随意行事罢了。如果我们把本能的理论真的当一回事，那么就得承认，一个对于昆虫来说是随随便便的偶然行为，却留下了深刻的痕迹，并产生了强烈的印象，乃至于这个通过刺伤神经中枢造成麻醉的高明手术，靠着遗传而传了下去。砂泥蜂的后代由于一种奇妙的天赋，将母亲所没有的本领继承下来，出于本能它们知道螯针应该螯到哪个或者哪些部位；因为如果它们还在当学徒，如果它们和它们的后代，还要凭着偶然的机会来不断增强新本领，那么就会回到近于零的可能性；它们在漫长的年代中，每年都要回到这个近于零的可能性上来；可是这唯一的有利机会应该总会出现的。这种既得的习惯是依靠一些事实的长期重复而养成的，可是在这些事实中，要想产生出唯一的那个事实，就需要排除掉许多相反的可能性。我不太相信这样的说法，只要略加考虑就可以看出，这个理论是多么的荒谬。

不仅如此，可能还要想想，昆虫生来并不熟悉的偶然行为，怎么会演变成为一种通过遗传而来的习惯。如果有人来对我们说，刺颈师的后代，无须言传身教，仅仅因为他的父亲是刺颈师，便会彻底了解杀牛的技术，那么，我们一定会把他视为无聊的说笑者。这位父亲不是偶尔动那么一两次刀的，他每天多次操作，一边思考一边干活，这是他的职业。他毕生运用的技术会不会变成一种可以传之后代的习惯呢？如果没有人传授，他的儿子、孙子、曾孙，他们会知道这种技术的详情细节吗？这一切都必须从头学起，人不是天生就习惯于这种屠杀的。

如果说膜翅目昆虫精于它的技术，那是因为它生来就要运用这种技术，是因为它天生不仅具有工具，而且具有使用工具的办法。这种能力是原来就有的，从一开始就已经完善了的；过去的经历对此丝毫无所增添，将来也不会增添任何东西。过去怎样，现在就怎样，将来也将是怎样。如果你在本能问题上只看到那是一种既得的习惯，是通过遗传加以改进而传下来的一种习惯，那么请你至少给我们解释解释：人，你是原生质中最高度进化的人，为什么没有这种天赋。一只微不足道的昆虫可以把它的诀窍传给它的儿子，可人却办不到。如果我们不会面临勤劳者被游手好闲者所取代，有才干者被傻子所取代的危险，那么，这对于人类来说是怎样一种无法估量的好处啊！呵！原生质靠着自己的效力进化成为生物，它把这种奇妙的本领如此慷慨地赠给昆虫，为什么不让我们也保存哪怕一星半点呢！大概在这个世界上，细胞的进化还没有完结吧。

由于种种原因，我不接受现代关于本能的理论。我认为这种理论只是一种想象的游戏，书斋里的博物学家可以玩着这游戏而沾沾自喜，他以自己的想入非非来塑造世界；可是与现实打交道的观察者，对于他所看到的任何事物，从这游戏中却找不到严肃的解释。在我的周围，对这些艰难的问题采取最肯定态度的人，正是见识最少的人。虽然他们什么也没有看见，可他们却如此的武断。其他的人，谨小慎微的人，略微知道一点他们自己谈论的是什么。在我这小圈子之外，事情难道不就是这样的吗？

第五章　黑胡蜂

穿着胡蜂的外衣，半身黑黄色，纤纤细腰，步态轻盈，休息时，翅膀不是平平舒展，而是横折成两半；腹部像化学家的曲颈瓶般鼓起，靠一个长颈连到胸部，长颈先是鼓得像个梨子，然后缩成细绳；起飞不猛，飞行无声，惯于独居；这就是关于黑胡蜂的简要描述。在我们地区有两类黑胡蜂：最大的叫阿美德黑胡蜂，约一法寸长；另一种叫点形黑胡蜂，只有前者的一半大①。

这两类形状和颜色相似的黑胡蜂拥有同样的建筑才能；它们的建筑物高度完美，它们的窝是个杰作，令初学者叹为观止。但是黑胡蜂干的是不利于艺术的征战职业，它们用螯针蜇刺猎物，强取豪夺。它们是凶残的膜翅目昆虫，用别的昆虫的幼虫喂养它们的幼虫。把它们的习性跟对黄地老虎幼虫动手术的毛刺砂泥蜂进行比较，可能会很有意思。虽然两者的猎物都一样，都是幼虫，但种类不同，本能的表现各异，或许会使我们得到一些新的知识，何况仅是黑胡蜂建造的窝就值得研究。

我前面阐述过的捕食性膜翅目昆虫都十分精通螯针的技术，它们的外科手术使我们惊叹不已，它们似乎得到某个洞察一切的生理学家的传授；但是这些高明的杀手在建造住宅方面，却是没有本领的工人。那住宅是什么样子呢？一条没有泥土的过道，尽头是一间

---

① 我在这个名称下把三种黑胡蜂都混在一起，即：点形黑胡蜂，双点黑胡蜂，模糊状黑胡蜂。很久以前，我在进行初步研究时，没有把这三者区分开来，今天我已不可能找出它们各自的窝了。由于它们的习性相同，所以混淆不会影响这一章的叙述。——原注。

蜂房。一条走廊，一个洞穴，一个粗
陋不堪的巢，就是矿工、挖土工的作
品。这些虫子有时孔武有力，但没有
艺术天赋。它们用镐掘，用钳撬，用
耙扒，但从不用瓦刀来盖房。黑胡蜂
则是真正的泥瓦匠，它用灰浆和砌石
来造屋，它们在露天筑窝，有时建在

阿美德黑胡蜂

岩石上，有时建在摇摇晃晃的枝丫上。捕猎与建筑相互交替，它轮
番充当维特鲁威和宁录①的角色。

　　这些建筑者选择在什么地方筑巢呢？如果你从一个酷热的隐
庐朝南的小围墙前经过，如果你一块块地仔细察看那些没有抹上灰
泥的石头，特别是那些大块的石头，检查那些高出地面不太多、被
太阳晒得像蒸汽浴室那么热的石块，你还没有找得不耐烦，也许就
会找到阿美德黑胡蜂的建筑物。这种昆虫很稀有，它孤零零地离群
索居，要想遇到它可真不容易。这是非洲的一个种别，它喜欢的酷
热可以把角豆树的果实和海枣晒熟，它最喜爱太阳晒得最厉害的地
方。它的窝就筑在不会晃动的岩石和石头上，也有这样的情形，不
过很少见，它模仿高墙石蜂把窝建在一块普通的卵石上。

点形黑胡蜂

　　　　点形黑胡蜂分布广得多，它对蜂房地基相当无所
　　　谓，它把房子建在墙上，建在孤立的石头上，建在半
　　　闭的外窗板内面；或者它采用空中支座，比如灌木的
　　　小枝丫，随便什么植物的干枝。对它来说，无论什么
　　　样的支座都行。它也不操心主体建筑的问题，它没有

① 　维特鲁威（创作时期公元前1世纪）：罗马建筑师、工程师，名著《建筑十书》的作
者。 　宁录：《圣经》人物，古实之子。《创世纪》说他是个英勇的猎户。——校注

它的同行那么怕冷，四面通风，没有遮挡的地方它也不怕。

阿美德黑胡蜂的窝如果是建在没有阻碍的水平面上，那么它就是一个规则的圆顶屋，一个球形的帽状拱顶屋，在屋顶开着一个只够它出入的狭窄通道，好似漂亮的细颈瓶，令人想到爱斯基摩人或者古代盖尔人①的圆形草房中央的烟囱。圆顶屋直径2.5厘米左右，高2厘米。如果地基是垂直的平面，建筑物仍然保持拱顶的形状，但供进出的漏斗则开在侧面，靠近上部。套房的地板无须任何设施，直接采用裸露的石头。

建筑者在选定的场地上，首先垒起一座厚约3毫米的环形墙，材料是泥灰和小石子。黑胡蜂在人们常走的山间小径，在附近的公路上，选择干燥、坚硬的地方作为挖掘工地。它用大颚，把收集到的一点点泥粉用唾液浸湿，做成了泥灰浆，泥灰浆迅速凝固，水透不进了。石蜂已经让我们看到类似的情形，它在人来人往的道路和由养路工人的石碾压实的碎石路面上收集泥粉。所有露天建筑者，它们的纪念性建筑物要经受风吹雨打，因此，它们需要最干的粉，因为已经潮湿的材料无法很好地吸收使它黏结的液体，建筑物很快就会被雨淋烂。它们有石膏工那样的辨别力，拒绝采用受潮开裂的石膏。在遮蔽物下面劳动的建筑者，不干扒地这种艰苦的活，宁愿采用仅仅靠材料本身的湿度就可捏成面团的鲜土。如果一般的石灰就能用，人们就不会花力气去生产水泥。阿美德黑胡蜂需要的是一流的水泥，比高墙石蜂的水泥更好的水泥，因为建筑物完工后，它不会再加上厚厚的外墙来保护它的蜂窝，所以圆顶屋的建造者尽可能选择大路作为采石场。

----

① 盖尔人：约公元前500年侵入不列颠岛屿的民族，主要居住在爱尔兰和加尔。——译注

除了泥灰外，还必须有砾石。砾石是梨籽那么大的沙砾，体积几乎一样，但根据开采的地点，沙砾的性质和形状大不相同，有的随意裂成一定刻面而带棱角，有的被水磨得光滑溜圆。如果窝的附近矿藏丰富，它所喜爱的砾石是光滑而半透明的小石英粒。砾石是经过精心挑选的，昆虫掂了掂这些砾石，再用大颚这个圆规测量，只有大小和硬度符合要求质量的才会被采用。

我们说过，一堵环形的围墙是筑在裸露的岩石上的。在泥灰凝固前，随着工程的进展，泥瓦匠把几块砾石填到柔软的灰浆里去。它把砾石半埋在水泥中，砾石大部分突出在外，没有深入到灰浆内部，因为内部的墙壁应当保持平整，让幼虫住得舒服。黏结凝固砾石和浇灌纯灰浆，两道工序交替进行，新盖的每一层都镶进小石子作为砌面。随着房子的升高，建筑师让建筑物略微向中心弯曲倾斜，使房子呈球状。我们使用拱形的支架，在盖房子时，拱顶就砌在支架上；黑胡蜂比我们大胆，它在空间建筑它的圆顶屋。

在屋顶最高处，开了一个圆孔；圆孔上有一个纯水泥制造的喇叭口状的出口，仿佛是伊特鲁立亚花瓶①标致的瓶颈。蜂房里装好食物，卵产下来后，出口便用水泥塞封住。在塞子内镶嵌着一粒小石子，就像把圣人遗物放在遗骸盒里似的，里面不多不少，只有一粒，仪式是神圣庄严的。这座粗陋的建筑物丝毫不怕风吹雨淋，用手指压也压不坏，用刀可以把它整个撬起来，可是无法把它切碎。它那乳房般隆起的形状，外部遍布的砾石，令人想到圆顶上面布满着大石块的环形大石垣，古代的大坟头。

这就是蜂房密闭后的房屋的外观。黑胡蜂总是在第一个圆顶屋

---

① 伊特鲁立亚是意大利的古地区名，以产花瓶著名。——译注

上再叠上圆顶屋，五层，六层，甚至更多。两个相连的蜂房使用同一扇隔板，从而缩短了工期。原先的匀称美观现在不见了，整个蜂巢看上去像一堆带小石子的干土。如果我们进一步观察这一堆不成形的东西，就会看出，带瓶状出口的房屋分为一间间独立的房间，每间房都有小砾石镶在水泥墙中。

高墙石蜂使用跟阿美德黑胡蜂一样的方法来盖房子，它也把一些体积不大的小石子镶在水泥层内部。它的建筑物最初是一座小塔，技术粗糙，倒也别致；然后并排盖一些蜂房，整个建筑看上去就是一堆土，似乎完全不是按照建筑规则盖起来的。高墙泥蜂还在这一堆蜂房上覆盖一层厚水泥，于是最初那个石堆状的房屋看不见了。黑胡蜂没有使用这种涂层，因为它的建筑物十分牢固；它任凭石子的砌面和房间的出口暴露在外面。这两种窝虽然是用同样的材料建造的，但很容易区别开来。

黑胡蜂的圆顶屋是一件艺术品，艺术家如果用灰浆把它的杰作盖住可能会感到遗憾。请读者原谅我以保留的态度提出怀疑，因为这个问题相当微妙。环形大石垣的建造者，难道不会对自己的作品沾沾自喜，带着某种喜爱的心情去端详它，并且因为它证明了自己的才智而感到得意吗？昆虫难道没有美感吗？我觉得至少从黑胡蜂身上，可以依稀看到一种把自己的作品装饰得漂漂亮亮的癖好。窝首先应该是一间牢固的房子，一个撬不开的保险柜；但是如果把窝装饰一番而不会妨碍耐用，建筑者对于装饰会不感兴趣吗？谁会有否定的看法呢？

我们还是看看事实吧。窝顶的开口即使只是一个普普通通的洞，也跟精工制作的门一样实用，昆虫出入方便不会受到任何影响，而且还可以缩短工期。它建造的出口是一个漂亮的弧形双耳尖底瓮，就像是用陶车车出来似的，可它是用薄薄的阔口刀来制作，因此，需要上等的水泥和精雕细刻。如果建筑师只要求建筑物牢固，那么要这么讲究干吗呢？

再者，用于圆顶屋外部砌面的砾石主要是石英粒。石英光滑，半透明，有点反光，眼睛看起来舒服。在窝的附近这种小砾石和发光的石灰石都同样丰富，为什么它特别喜欢石英石呢？

更值得注意的是，圆拱顶上常常镶着几粒被太阳晒白的空蜗牛壳。最小的一种蜗牛，常在干旱的斜坡上出现的条纹蜗牛，是黑胡蜂通常选择的品种。我曾看到有的窝几乎全用这种蜗牛壳来代替砾石，那窝看上去简直像是用手工耐心做出来的贝壳匣。

不妨作个比较，澳大利亚的某些鸟，尤其是浅黄胸大亭鸟，编织树枝建造有顶的廊道与木屋别墅。为了装饰柱廊的两扇门，小鸟在门槛上放上在现场能够找到的所有闪亮、光滑和色彩鲜艳的东西。每个门的正面都是一个珍品屋，收集者在里面堆积着光滑的小石头、各种各样的贝壳、空的蜗牛壳、鹦鹉的羽毛、好像象牙棍似的骨头。被人们丢弃的东西在鸟的博物馆里都可以找到，有烟斗杆、金属纽扣、碎布、印第安人作为战斧的石斧。

木屋别墅的每个门口，收藏品相当丰富，可以装满半个斗。对于鸟来说，这些玩意毫无用处，它堆积它们只是为了满足收藏艺术品的爱好。我们常见的喜雀也有类似的爱好，只要遇到发亮的东西，它都当作财宝收藏起来。

可见，也喜欢光亮的石子和空蜗牛壳的黑胡蜂，就是昆虫中的浅黄胸大亭鸟，不过它考虑得更周到，知道把实用与美观结合起来，它把收藏品用来建造，它那既是碉堡又是博物馆的窝。如果找到半透明的石英粒，它就不要其他的东西；这样的建筑物就更加美丽。如果它遇到一个白色的小贝壳，它便急忙用它来装饰它的圆屋顶；如果它运气好，空蜗牛壳多，它就把蜗牛壳镶在整个建筑物上，最好地证明了它有收藏艺术品的爱好。真是这样的吗？或者另有原因呢？谁又能肯定呢？

点形黑胡蜂的窝像中等的樱桃那么大，用纯水泥建成，外部连最小的石子都没有。它的外形跟阿美德黑胡蜂窝一样。如果窝是建在足够宽的水平基础上，圆屋顶中央有细颈、瓮的出口和喇叭开口。但是如果支座只是架在一个点上，例如在灌木树枝上，窝就像圆形的胶囊，当然，上面总是有一条细颈。这时，它的窝看上去像一个微型的异国风味的陶器，一个大肚子的素陶凉水壶。它不厚，几乎只有一张纸的厚度，手指稍微用力就会把它弄碎。外部有点不平，上面有几条细带，这是涂抹一层层的灰浆留下的刮痕；或者呈结节般突出，这些结节总是分布在中心。

这两种黑胡蜂在它们的窝里，不管是圆顶屋还是细颈瓶，总是堆放着别的昆虫的幼虫。我把它们的菜单记录下来，让想观察黑胡蜂的人知道，根据时间和地点，本能允许它们在饮食习惯上变化的范围有多大。它们吃的东西很多，但总是千篇一律：一些小个子的幼虫。所谓小幼虫，就是小蝴蝶的幼虫。从其结构来看，就可以找到证明，在这两种黑胡蜂的猎物中，都可以找到幼虫的身体。不包括头在内的身体由13个体节组成，前三个体节长着胸足，随后两个体节无足，四个体节带着腹足，其后两个体节无足，末端体节带着臀足，跟砂泥蜂喜欢的黄地老虎幼虫的身体一样。

我过去的笔记里记录着，我在阿美德黑胡蜂窝里所找到的幼虫的体貌特征：身体淡绿色，或者淡黄色，但较少见，身上长着白色的短毛；头比前部节段宽，黑而不亮，同样长着毛；身长16～18毫米，宽约3毫米。我作这番描述性的勾勒，已经有四分之一多世纪；而今天，在塞里昂，我在黑胡蜂的食橱里看到的猎物，跟我从前在卡班特拉看到的一模一样。岁月流逝，地点不同，黑胡蜂的口粮并没有改变。

黑胡蜂恪守祖先的饮食习惯，我只看到一个例外，仅有的一个例外。据我的记录所载，有个窝里有一条幼虫跟放在一起的其他幼虫很不一样。这是只尺蠖，只有两对腹足长在第九和第十三体节上；身体在前后两端逐渐变细，节间膜收紧，身体淡绿色，在放大镜下可以看到淡黑色的细花纹和几根稀疏的黑纤毛；它长15毫米，宽2.5毫米。

点形黑胡蜂也同样有自己的爱好。它的猎物是长约7毫米，宽1.3毫米的幼虫；身体淡绿色，节间膜明显收紧；头比身体其他部分窄，有棕色的斑点；中部体节上横排着两行具有眼状斑的苍白色乳晕，乳晕中央有一个黑点，黑点上面有一根黑色纤毛；在第三和第四体节以及倒数第二体节上，每个乳晕上有两个黑点和两根黑纤毛。

在我的记录中，只有两只幼虫例外，身体淡黄色，有五条砖红色的纵带和几根十分罕见的纤毛，头和前胸棕色发亮，长度和直径与上面的幼虫一样。

对于我们来说，给每一只幼虫吃的食物，数目多少比质量更重要。在阿美德黑胡蜂的蜂房中，有的有五只猎物虫，有的有十只；食物的数量会有一倍之差，因为猎物都是一样大小。为什么这么不平均，给这一只幼虫双份口粮而只给另一只一份呢？食客的胃口一样大，一个婴儿要吃多少，另一个也会要多少，除非因雌雄的不同而有小小的差别。幼虫老熟后，雄性比雌性小，它的重量和体积只有雌性的一半，因此它所需要的食物总量可能就减少了一半。由此看来，食物丰盛的蜂房是雌虫的闺房，供应较差的则是雄虫的厢房。

可是卵是在食物备好后产下的，从卵孵化出的幼虫，性别是确定的，即使仔细地检查也无法看出这些卵有什么不同，从而决定孵化出来的是雄虫还是雌虫。因此，我们必然会得出这样奇怪的结论：母亲事先便知道它要产出的卵的性别，这种预见性使它可以根据未来幼虫的饭量大小来储备食物。这是跟我们多么不同的奇怪世界啊。我曾经用一种特殊的官能来解释砂泥蜂的捕猎，我能用什么来说明这种对未来的直觉呢？偶然论能不能用于这个神秘的问题呢？如果没有任何东西可以合乎逻辑地运用于一个预期的目标，那么对于看不见的东西的这种明见，又是怎么得到的呢？

点形黑胡蜂的胶囊里完全塞满着猎物，都是些个子很小的幼虫。我的笔记里记载，在一个蜂房里有14只绿幼虫，第二个蜂房里有6只。关于点形黑胡蜂的完整菜单，我没有别的资料，我因为着重探究与它同属的建造圆顶屋的黑胡蜂而把它疏忽了。雌雄两性在大小上的差别点形黑胡蜂比阿美德黑胡蜂小一些，因此，我倾向于认为这两个装了许多食物的蜂房是属于雌蜂的，而雄蜂的蜂房供应的粮食要少一些。可是我没有亲眼看到，只是做这样简单的猜想。

我看到的，而且经常看到的，是砾石砌成的窝，里面已经有幼虫，而且粮食已经吃掉了一部分。我当前要做的就是在家里继续饲养，每天观察幼虫的成长，再说，这事做起来也很容易。我这双手对于充当养父这个角色已经熟练；我由于经常接触泥蜂、砂泥蜂、飞蝗泥蜂等许多昆虫，已经成为勉强过得去的饲养员。我把一个旧的毛笔盒隔成房间，里面放上一层沙床，从母蜂建造的蜂房里小心翼翼地把幼虫和食物搬来，放到沙床上面去，对于这种技术，我已经不是新手。每一次，成功几乎都是肯定的；我看到幼虫在进餐，我看着我的婴儿长大，然后结茧。我已经获得了丰富的经验，因此我指望饲养黑胡蜂也能取得成功。

可是结果却完全出乎意料，我失败了，我眼睁睁地看着幼虫对食物连碰都不碰一下，可怜兮兮地饿死了。

我把失败归之于以下种种原因：也许我在拆碉堡时挫伤了幼虫；当我用刀撬开那坚硬的圆屋顶时，一个碎片把它伤害了；当我把它从黑暗的蜂房里取出来时，日照太强把它吓坏了；户外的空气可能把它的潮气吸干了。所有这些失败的原因，我都一一尽可能地纠正。我尽量小心地把碉堡的围墙撬开，我用身子挡在窝上避免太阳光直射使幼虫中暑，我立即把幼虫和食物放进玻璃管，再把玻璃管放在盒子里，用手捧着以减轻旅途的颠簸。可是，怎么做都没用，幼虫离开它的窝后都死掉了。

我很长时间都坚持用难以搬家来解释我失败的原因。阿美德黑胡蜂的蜂房是个坚固的匣子，要撬开就要硬砸；结果，拆这样的建筑物就会引起各种各样的事故，所以我一直相信，残砖碎石必然会给幼虫造成伤害。至于把窝从支座上撬下来，完好无损地搬运到家里，要想把窝撬下来，就得加倍小心，这是野外仓促的作业所办不到的，因为蜂窝似乎总是盖在无法撼动的岩石上，盖在一堵墙的一块大石头上的。我的饲养实验不成功，那是因为当我破坏幼虫的小屋时，它受到了伤害。这理由似乎很对，我一直都这么认为。

后来我突然产生了新的想法，我开始怀疑，动作笨拙并不是失败的原因。黑胡蜂的蜂房装满着猎物，在阿美德黑胡蜂的蜂房里有10只猎物，点形黑胡蜂的蜂房里有15只，这些猎物无疑是被蜇刺了。虽然我并不了解是怎样被蜇刺的，不过它们并不是完全不能动弹的，大颚会咬住碰到的东西，臀部卷起又伸直，当用针尖轻轻拨弄时，后半部身体会像鞭子似的抽打过来。在这蠕动着的猎物堆中，卵是产在哪个位置上呢？在这些猎物中，有30个大颚可以把幼虫咬出一个个的洞，有120双腿可以把幼虫撕裂的啊。当食物只是一只猎物时，不存在这些危险，因为卵产在猎物身上，不是随便的什么部位，而是产在经过明智选择的部位。毛刺砂泥蜂正是这样把它的卵横放在黄地老虎幼虫带腹足的第一个体节的背面。卵固着在猎物的背部，在足的反面，如果卵产在足的附近，也许会有危险的。另外，黄地老虎幼虫大部分神经中枢受到蜇刺，侧身卧着，一动不动，臀部无法扭动，最后那些体节也无法猛地伸开，即使大颚想咬，腿有些颤动，可它们面前什么东西都没有，因为砂泥蜂的卵是在反面。因此，幼虫从卵里孵化出来，就可以安全地挖掘庞然大物的肚子。

黑胡蜂蜂房里的条件多么不同啊，猎物并没有完全麻醉，也许是因为它只被蜇了一下；既然用大头针碰它，它会挣扎，那么它被幼虫咬着时，也会扭动身体的。如果卵是产在某一只猎物身上，我承认，它只要谨慎地选好咬食的部位，那么吃这条虫时是没有什么危险的，可是，还有其他猎物，这些猎物并没有完全失掉抵抗能力。只要虫堆动那么一动，卵就会被抖落下来，落入利爪和大颚组成的捕兽器中。黑胡蜂母亲需要采取什么行动才可以让卵免于遭殃呢？

什么都不要；而这什么都不要，在猎物堆里太容易发生。黑胡蜂卵是个小小的椭圆体，就像水晶似的透明，非常娇嫩，轻轻一碰就会挫伤，稍微一压就会压碎。

不，卵不是产在猎物堆里面。我再重复一遍，猎物并不是完全不会造成伤害的，它们没有完全被麻醉，我用针尖刺激，它们会扭曲身子；而且，另一重要的事实也会提供证明。在阿美德黑胡蜂的一个蜂房里，我曾经拖出过几只猎物，猎物有一半已经化成了蛹。

显然变态就是在蜂房里进行的，是在黑胡蜂给它们动了手术之后发生的。这是什么样的手术呢？我并不确切了解，捕猎者动手术时，我没有看到。手术要靠螫针，这是肯定无疑的；但是蜇刺在哪里，蜇刺多少下？这我就不知道了，然而，可以肯定的是，麻醉并不深，因为患者还保存着相当强的生命力，可以脱皮化成蛹。因此，我寻思，卵是靠了什么计谋来逃避危险的。

这计谋，我急切想了解。尽管窝比较罕见，寻找困难，烈日当空，耗时费日，好不容易撬壁凿岩，打开的蜂房却不适用，可是，这一切没有使我灰心，我要看看这计谋，我终于看到了。我用刀尖和镊子在阿美德黑胡蜂和点形黑胡蜂的圆顶屋的侧面开了一个洞，一个窗口。操作时我十分小心，避免弄伤藏在里面的小家伙。从前我是从顶上，如今我从侧面来凿圆顶屋。当缺口足够大可以让我看到里面发生的事时，我便停止。里面发生了什么事呢？我稍停片刻，让读者想一想，请你们自己设想出一种救护办法，在我叙述的危险条件下保护好卵，然后保护好幼虫吧。你们具有创造精神，你们去寻找，去策划，去思考吧。你们想出来了吗？也许没有，那么还是告诉你们吧。

卵并不是产在食物上，而是用一根像蜘蛛网丝那么细的丝悬挂在圆屋顶上。稍稍吹一下，娇嫩的圆柱形的卵就微颤，摇摆，令我想起挂在先贤祠的圆顶屋上，用来指示地球旋转的那口著名的时钟。食物则堆放在卵的下面。

这出戏的第二幕令人叹绝。为了看这幕戏，我在一些蜂房上打开一个窗户，等待幸运的机会向我微笑。幼虫已经孵化出来并开始长大了，跟卵一样，幼虫尾部悬挂在圆顶下，与天花板垂直；但是悬吊的线明显更长，除了最初的那根细丝外，再接上了一条像饰带的线。幼虫正在就餐，它头朝下，搜寻着一只猎物松软的肚子。我用一根麦秸轻轻碰一下仍然完好无损的猎物，猎物动弹起来，幼虫立即从混乱中脱身出来。怎么回事！奇迹层出不穷，挂在吊钩下端的东西，我原先认为是一条扁平的绳子，一条饰带，事实上却是一个套子，一个鞘；它好像一个攀登的过道，幼虫在过道里面，后退爬行到上面去。幼虫出卵后剩下的卵壳，保持着椭圆形，加上也许是由于新生儿特别地用劲而拉长，从而形成了这条逃亡的通道。猎物堆里稍有风吹草动，幼虫就撤退到套子里，然后上升到那群乱蹿乱动的猎物够不到的天花板上去。当恢复平静后，它又从鞘里滑下来，头朝下重新进餐，尾部朝上随时准备后退。

第三幕，也是最后一幕。是用武力的时候了，幼虫有力气了，不怕那群猎物的蠕动了。另外，猎物因饥饿煎熬而衰弱不堪，因长时间麻醉而精疲力竭，越来越无力自卫。而娇嫩的初生儿已成了粗壮的大幼虫，安全已经取代危险，从此幼虫把攀登套扔到一旁，索性降落到剩下的猎物中去。于是这席酒宴就像平常一样觥筹交错。

这就是我在黑胡蜂的窝里所看到的情况，这就是我想让一些朋友们看到的东西，他们对这种战术更加惊奇。卵挂在天花板上，跟食物隔开，根本用不着害怕下面乱蹿乱动的猎物。悬挂绳加上卵套，长得可以够到猎物，刚孵化出来的幼虫便谨慎地向猎物动手。如果有危险，它便缩进鞘子里，后退到屋顶去。现在我明白最初的尝试为什么失败了，我因为不知道有条这么细、这么容易断的救生绳，我有时摘卵，有时抓幼虫，可我是从顶上撬，使卵和幼虫正好落到食物中间。它们与危险的猎物直接接触，根本不可能昌盛繁荣。如果我刚才向之呼吁的读者中，有谁想象的办法比黑胡蜂的更好，那么请告诉我吧，那将是理性的灵感和本能的灵感的一种有趣比较。

第六章 🐝 蜾蠃

由于给幼虫吃的猎物数目多，并且没有彻底麻醉，所以黑胡蜂必须有悬吊绳和攀登套；这种巧妙装置的目的在于避免危险。但是我跟别的人一样，对于"为什么"和"怎么样"的解释心存疑虑；我知道在"解释"这一块土地上，斜坡是很滑的；在对一件已观察的事实断言其原因之前，我要寻找大量的证据。黑胡蜂的卵放得这么奇怪，如果理由正是我所说的，那么，在一切相似的条件下，在供应的猎物多和麻醉不彻底的地方，应该也有类似的保护方法。如果这行为重复发生，那就可以证明我的解释是正确的；而如果这行为，即使有某些差异，在别的地方没有发生，那么黑胡蜂的情况就仍然是一种非常奇怪的特例，而没有我所猜想的那种重大意义。现在我扩大观察的范围，以便更清楚地确定事实。

被雷沃米尔称为独居胡蜂的蜾蠃，与黑胡蜂非常接近。同样的外衣，同样纵向折叠的翅膀，同样的捕猎本能，尤其是同样堆放还相当活跃、具有危险性的猎物。如果我的理由是有根据的，如果我的预见是正确的，那么蜾蠃的卵也应该跟黑胡蜂的卵一样，悬挂在穹屋的天花板上。我的信念是建立在逻辑的基础之上的，它是这样的明确无误，我几乎相信我会看到刚刚产出来的卵，在救生绳末端微微颤动。

啊！我承认，我必须有一种坚强的信念，才会大胆地希望在大师们一无所见的地方，发

棘刺蜾蠃

055

现某些新的东西。我反复阅读雷沃米尔关于独居胡蜂的论文。昆虫的希罗多德①写了丰富的资料；但是关于悬挂着的卵，他没有任何叙述，一点也没有。我参阅杜福尔的著作，他以他特有的热情阐述这样的课题；他看到了卵，他描述了卵；但是悬吊绳，没有，也没有任何描述。我查询拉普勒蒂埃、欧杜安②、布朗夏尔的论著，关于我预料到的保护手段也只字未提。像这样的观察者有可能疏忽掉一个具有如此重大意义的细节吗？我是不是被我的想象欺骗了呢？严密的逻辑告诉我的这种救生制度，难道只是我自己的幻想吗？要么是黑胡蜂欺骗了我，要么我的希望是有根据的。我相信我的论据是驳不倒的，弟子要起来造老师的反，于是我着手进行研究，我深信自己会取得成功。的确，我成功了，我找到了我寻找的东西。我叙述一下事情的详细经过吧。

在我家附近居住着好几种蜾蠃，其中一种把阿美德黑胡蜂抛弃的窝作为自己的窝。这个窝建筑得非常牢固，业主离开后留下的并不是一所破房子，只不过没了细颈而已。圆顶屋完好无损，是个设有防御工事的隐蔽所，真是太合用了，不该让它空着。某只蜘蛛利用了这个岩洞，给它挂上丝的挂毯；几只壁蜂在下雨天时躲在里面，或者把它作为宿舍来过夜。有一种蜾蠃用黏土筑壁，把黑胡蜂的窝隔成三四个房间，那是三四只幼虫的摇篮。第二种蜾蠃则使用长腹蜂抛弃的窝；第三种掏掉树莓的一根枯茎里的髓汁，给它的家人做成一个长匣子，再分成若干层；第四种在一棵枯死的无花果树的树干上挖一个走廊；第五种在人来人往的山路上挖一个井，上面

---

① 希罗多德（约前484—前430/前420）：希腊历史学家。此处是将雷沃米尔比作昆虫的历史学家。——译注
② 欧杜安（1797—1841）：法国博物学家、昆虫学家。——校注

盖着一个圆柱形的石井栏。所有这些技艺都值得研究，不过我更希望再找到由于雷沃米尔和杜福尔而出名的技艺。

在一个红黏土的垂直边坡上，我终于发现了蝶蠃部落的迹象，那两个昆虫学家谈到过的典型的烟囱，一根加工成格状斜纹的弯曲的管子，悬挂在蜂窝的门口。边坡朝着炽热的南方，坡上有一堵矮墙，已破烂不堪；坡后面是深深的柏树林。这一切组成了炎热的住宅，这正是蝶蠃所要求的。另外，当时是五月下旬，按照建筑工们的习惯，正是劳动的时节。门面的形状、地点、时间，都与雷沃米尔和杜福尔所叙述的相符合。我真的遇到了他们说的某一种蝶蠃吗？我要看一看，立刻就看看。格状斜纹柱廊的建筑工程师一个也没有出现，一个也没有来到，必须等待。我就待在附近监视，等着它们的归来。

啊！烈日炙人，边坡把火炉般的炽热阳光反射过来，我一动不动地在边坡脚下等待，时间可真长啊！我须臾不离的朋友布尔，跑到稍远处绿色橡树丛的树荫下，它在那里找到了一层沙，沙相当厚，还保存着上次下雨的一点湿润。它挖出一张床位，然后这个骄奢淫逸的家伙便直挺挺地躺在那清凉的田沟里，伸长舌头，尾巴拍打着枝叶，同时不断地向我投来深情温柔的目光，好像在说："你在那里干吗，傻瓜，让太阳烤焦啊！来这里，到树底下来，看看我多舒服啊。""哦！我的小狗，我的朋友，如果你懂得我说的话，那我就要回答你说，人的苦恼是求知；而你的苦恼，只是想要一根骨头，隔一段时间想要你的女朋友。我们之间是有差别的，虽然我们是诚挚的朋友，而且今天人们还说我们有亲属关系，几乎是表兄弟了。我有增进知识的需要，所以自愿受日晒热烤；你没有这种需要，所以你躲开乘凉去了。"

4

螺蠃

是的，偷偷地等待一只昆虫，而它却一直不来，这时间是漫长的。在附近的柏树林里，一对鸡冠鸟，春情勃发，在彼此追逐。雄鸟低哑的声音喊着："乌普普！乌普普！"古代拉丁人把鸡冠鸟称为"乌普帕"，古代希腊人称它为Enone（Enoψ）。但是普林尼[1]把u读成ou，所以正如拟声的名词告诉我的，应当念为"乌普帕"。美丽的鸟啊，我上过拉丁语的发音课，但很少有人比你教得好，你使我在长时间的无聊中得到了消遣。你忠实于你的语言，你今天说"乌普普"，就跟你在亚里士多德[2]和普林尼时代说的一样，就跟你的祖先第一次发出这个音时一样。可是我们的那些语言，那些原始语言，它们已经变成什么样了呢？甚至博学之士也找不到它们的痕迹。人会变，动物却不变。

最后，我终于见到了螺蠃，它像黑胡蜂那样静悄悄地飞来，消失于前庭弯形的圆柱体中。一个小玻璃试管已经放在窝的门口，螺蠃出来的时候就会被逮住。就这样，它被逮住了，并立即放到带硫化碳纸带的瓶里。现在，我跟那一直伸着舌头，摇着尾巴的狗可以走了。这一天没有浪费，我们明天再来吧。

然而，我的螺蠃没有满足我的期待。它不是雷沃米尔谈到的棘刺螺蠃，更不是杜福尔研究的雷氏螺蠃，而是另一种不同的螺蠃，它叫肾形螺蠃，虽然它也醉心于同样的技艺。朗德省的这位博物学家被建筑、事物、习性的类似欺骗了；他以为看到了雷沃米尔的独

---

① 普林尼（23—79）：古罗马博物学家，著有37卷《自然史》。——译注
② 亚里士多德（前384—前322）：古希腊哲学家，在各个方面均有成就，其论著也是百科全书似的，涉及各个方面。——译注

居胡蜂，可事实上他的弯管建造者是不同种的蜂儿。

工人认得了，剩下的是要认识作品。窝的大门开在边坡垂直的壁上，它是一个圆洞，边上砌着弯管，管口朝下。这个管状的前庭是用正在建造的过道里的残屑做的，材料是土粒，不是一层层连续地铺筑的，留有小小的间隙。这是个镂花的作品，一件黏土的花边。管长约1法寸，内径5毫米。过道接着前庭，直径相同，斜插进土中约1.5分米深。这个主通道又分叉为一些短走廊，每个走廊通向一个独立的蜂房。每只幼虫都有自己的房间，每个房间都有一条专门用来供应食物的道路。我曾见到一个窝里有十间房，也许有的窝里房间还要多。这些房间在工程和宽度方面，都没有什么特别之处，都是一些位于走廊尽头的简单的窟窿，有的呈水平状，有的稍微倾斜，没有定规。当一个蜂房装了卵和幼虫之后，蜾蠃用一个土盖子把门口封闭好；然后它在旁边，在过道侧面又挖一个蜂房。最后把所有蜂房的公共道路用土堵住，门口的弯管拆掉了，用来提供内部工程的材料，于是房屋的一切痕迹全都消失了。

边坡的外层是太阳烘干的黏土，几乎像砖头一样，我用小铲去挖都相当费劲，里层则远没有这么硬。这个脆弱的矿工怎么能够在砖头里开辟出一条通道来呢？我相信它使用了雷沃米尔所叙述的办法，因此我把大师的一段话转抄在这里，好让年轻的读者们对蜾蠃的习性有个概念，我的蜂群太小，我无法观察到它的一切习性。

这些胡蜂在接近五月底开始活动，有的在整个六月都忙着干活。虽然它们真正的目的只是在沙中挖一个深几法寸，直径略微超过身体的洞，可人们会以为它们另有目的；因为挖这个洞时，它们在外面建造一个空心管，管的基础就放在洞口的边线上；管身先垂直上升，然后朝下弯曲。洞挖得越深，管就越长；建筑材料是从洞里挖出来的沙，用它做的空管好像镶着粗糙的金银丝或者呈外表格状斜纹。管壁中夹杂着的弯曲的细丝彼此分隔开，中间的空隙使弯管显得似乎造得很有技巧；可是它只是一种脚手架，借助它，母亲的劳动就可以更快更安全。

虽然我承认，这些胡蜂的大颚是很好的工具，可以咬开很硬的东西，可是我还是认为它们要干的活还是太艰苦。它们要挖的沙，有普通的石头那么硬；至少沙的外层因为太阳晒的缘故，比其他部分更干，用指甲抠都不大能够抠得动。不过因为我能够在它们开始挖洞的时候来观察这些工人，我才明白它们用不着让大颚接受这么大的考验。

我看到胡蜂先是把要扒走的沙弄软，它的嘴在沙上面洒一两滴水，水迅速被沙吸收，沙立即变成一块软面团，大颚毫不费劲地把沙耙了下来。第一对腿立即伸出，把沙捏成约有醋栗籽那么大的小沙团。胡蜂就是用这个小沙团作那个空心管的基础。它把灰浆团放在刚刚挖沙做成的洞口边上，然后用大颚和足捏灰浆团，把它压扁，使它比原先更高。然后，胡蜂重新挖沙，做另一个灰浆团。它很快就挖出了相当多的沙，洞的入口就明显地看得出来了，同时管的基础也做好了。

但是胡蜂只有能够把沙弄湿，工程才能进展迅速，所以它不得不停下来去重新给自己加水。我不知道它究竟是简单地到小溪里去喝水呢，还是从某种植物或者水果里吸取更有黏性的水分；我知道得比较清楚的是，它很快就回来了，以新的干劲干起来。我看到有一只胡蜂用了大约一小时的时间，挖了一个有它身体那么长的洞，并竖起了一根一样长的管子。几小时后，管子有两法寸长，可它还在继续把管子下面的洞挖深。

我觉得它的洞挖的深度并不是有规律的，有的洞离洞口有四法寸多深，有的只有二三法寸，有的洞上的管子比另一个洞的管子长二三倍。从洞里掏出来的灰浆，并不总是全都用来加长管子。管子的长度是随意的，只要足够就行。有时我看到它只是来到管口，把头探出来，立即把小沙团扔掉，所以，在一些洞的下面常常有大量的残砖碎瓦。

在灰浆堆或沙堆里挖洞的目的看来是没什么疑问的，显然是用来装卵和食物；但是这个母亲建造灰浆管子的目的，就不是这么清楚。通过继续观察它的工程，我们就会知道，这个管子对于它来说，就像砌墙的泥瓦匠眼里排得整整齐齐的砾石堆。它所挖的洞，并不是全都用来作为幼虫的卧室，幼虫只要一部分就够了。可是洞必须挖到一定的深度，当阳光照到沙的外层时，幼虫才不会太热。幼虫只能住在洞底，母亲知道它必须留下多大的空间，于是它把这空间留下来；但是它要把剩下的地方全都堵住，于是它把所需的沙全都运到洞的上部，以便最后用来把洞堵起来。正是为了在它手边有灰浆，它才建造这根管子。一旦它把卵产下来并把食物放到幼虫够得着的地方后，我们就会看到母亲弄湿管子的末端，一点点地啃，把小沙团衔到洞内，然后再回来继续咬沙团，直至把洞填满。

雷沃米尔继续谈到堆放在蜂房里的食物，这食物，他称之为"绿蠕虫"，而根本不顾这个词令人讨厌的谐音①。我的蟀蠃种类不

---

① 绿蠕虫的法文为：vers［vεːr］verts［vεːr］两者在法语中发音一样。——译注

同，我没有看到同样的情况，我就把这段话照搬下来。我只数了三个蜂房里猎物的数目，供我观察的对象太少，如果我想要把这个故事一直看到底，那我就得爱惜。在一个蜂房里，食物还没被吃过，有24只小虫；在另外两个蜂房里，食物同样完好无损，各有22只。雷沃米尔在他的蜾蠃的食橱里只看到8～10只，而杜福尔在他的幼虫的食品仓库里看到口粮有10～12只。我的蜾蠃却有两打，是它们的一倍；这可以用猎物个子小来解释。据我所知，除了泥蜂每天供应粮食外，没有任何捕食性膜翅目昆虫吃这么多。仅仅一只幼虫就要吃两打的小虫，这比毛刺砂泥蜂只吃一只猎物真有天壤之别；为了卵在这群猎物中的安全，需要采取多么谨慎的预防措施啊！如果我们真想了解蜾蠃的卵所面临的危险和摆脱危险的办法，注意观察是绝对必要的。

　　首先我要看看，这猎物究竟是什么呢？是一些有毛衣针那么粗、长度不等的小虫，最长的有一厘米；头小小的，漆黑发亮；各个体节上没有幼虫那样的腿，不管是胸足还是腹足都没有，但毫无例外都有一对多肉的小乳突作为爬行工具。这些小虫虽然根据所有的特征来看是同一类，但颜色却不同，有的浅绿，有的淡黄，有的身上那两条纵向的宽带是嫩玫瑰红色，有的则是程度不同的深绿色。在这两条带子之间，在背上有一条淡黄色的花边。整个身体上布满黑色的小结节，顶上长着一根纤毛。没有腿，说明这不是鳞翅目昆虫的幼虫。根据欧杜安的实验，雷沃米尔的绿蠕虫是苜蓿田里的常客变形叶象的幼虫。我的小虫，玫瑰红的或者绿色的，是不是也属于某种小象虫呢？很可能。

叶象

雷沃米尔说他的蝶蠃的食物是一些活的蠕虫；他试图饲养一只，希望看到长出苍蝇或者金龟子来。而杜福尔则称这些虫为活幼虫。这两个观察者都注意到了供应的食物能活动这个事实；他们看到有些小虫还会动弹，说明完全活着。

他们看到的，我也看到了。我的小虫动个不停；如果我只是慢慢转动关着小虫的玻璃管，小虫先是蜷成环状，伸开，然后又蜷起来。如果用针尖去碰，它们会猛地一下乱动起来，有的还能够移动位置。在饲养蝶蠃卵的过程中，我把蜂房纵向切成两半，使它成为一个小沟，然后让小沟保持水平，并放上少量的野味。第二天我通常都会发现有的小虫掉了下来，这证明小虫在活动，移动位置，虽然没有任何东西打扰它的休息。

我坚信，这些小虫已经被蝶蠃蜇伤，蝶蠃佩着的剑不会仅仅只是摆个样子。既然拥有武器，它就要使用。可是伤是这么轻，雷沃米尔和杜福尔都没想到小虫受伤了。在他们看来，猎物是活的；对于我来说，猎物基本上是活的。可见，在这样的条件下，如果不采取十分谨慎的预防措施，蝶蠃的卵会遇到多大的危险。这些蠕动着的小虫在同一个蜂房里有两打那么多，跟卵肩并肩地在一起，只要稍微动弹就会危及卵的生存。这个如此娇嫩的胚胎，靠什么办法来逃脱挤撞的危险呢？

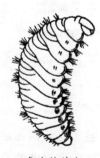

象虫的幼虫

正如我所预料的那样，卵是悬挂在天花板上，一根非常短的丝带把卵固定在上壁，使它自由地吊在空中。这个只要稍有振动就在丝线末端抖动不已的卵，证明我的理论性的介绍是正确的。看到这一点，我第一次内心高兴不已，我经历的许许多多的烦忧都得到了补偿。读者将会看到，我还会碰到许多高兴的事哩。出于爱好，以训练有素的目光，耐心地在昆虫世界中进行调查研究，我们总会发现奇迹的。看吧，卵由一根很短而且十分细的丝，系在天花板上摆动。蜂房有的是水平的，有的是倾斜的。如果是第一种情况，卵就与蜂房的轴线垂直，下端到达离地板两毫米处；如果是第二种情况，垂直的卵就跟轴线形成或大或小的角。

我曾想利用在家里方便的条件，观察这种吊着的卵的发育过程。但是想这样观察阿美德黑胡蜂的卵是不可能的，因为蜂房往往是以岩石为地基，无法搬动，因此必须在现场观察。蜾蠃的窝则没有这种不便。一个蜂房已经暴露出来，而且符合我的要求，于是我把蜂房切成小沟状，以便看到里面将要发生的事情，然后用刀尖沿着蜂房周围切开，把包含蜂房的一块圆柱形的土挖出来。食物也一只只十分小心地取出来，单独放到一个玻璃管里。这样就可以避免由于搬动时必然会发生的振动，引起小虫蠕动而发生事故。现在，只有卵在空荡荡的蜂房里摇摆。我先把圆柱形的土放到一个大管子里，下面用棉垫子垫好，然后把战利品放到一个白铁盒里，用手捧着铁盒，让卵保持垂直，不会碰到蜂房的墙壁。

我给昆虫搬家从来都没有这么小心过，动作稍有失误就会碰断悬吊丝，因为这丝细得要用放大镜才能看得见；摇摆幅度过大就会使卵碰到墙壁上砸坏；我必须避免像钟舌撞着铜钟那样撞伤蜂卵。我像僵硬的自动木偶似的，直挺挺地一步一步小心翼翼地往前走。要是路上不巧遇到认识的人，必须停下来，讲几句话，握握手，那就糟了；稍微分心我的计划就会付诸东流。布尔受不了别的狗的气，如果它跟某个对头狭路相逢，它心存芥蒂，向对手扑去，那就更糟。那时我就得去制止打架，以免发生受良好教育的狗不容乡村狗这种丑闻，它们的争吵会使我的全部实验计划落空。一个并不是完全没有见识的人，他满脑子全神贯注的事，居然有时还要受狗打架所左右，说起来也真可笑。

谢天谢地，路上没人，一路平安无事；我最担心的那根丝线没有断，卵没有碰坏，一切都井然有序。那一小块土放到了安全的地方，蜂房处于水平位置。我在卵的旁边放上三四只取出来的小虫；因为现在蜂房由于墙壁只剩下一半而变成小沟，把全部的食物摆在一起就会引起混乱。第三天，我发现卵孵化了，黄色幼虫的小尾部悬挂在线上，头朝下。它正在吃第一只猎物，猎物的皮已经变得松软。悬吊绳是一根吊着卵的短丝再加上卵脱下来的皮，卵皮就像一根发皱的带子。为了仍然套在空带子中间，新生儿的尾部先是稍稍收紧，然后膨胀成为塞子。如果我打扰它的休息，如果食物动弹，幼虫便自己收缩起来退回，但它不是像黑胡蜂的幼虫那样回到攀登套里去。悬挂绳不是作为幼虫可以返回的藏身套子，而是幼虫的锚链，把幼虫挂在天花板上，并使它可以通过收缩身子而与食物堆拉开距离。平静下来之后，幼虫伸长身子又回到猎物上来。根据有的是在我家的短颈广口瓶里，有的是在现场把住有小幼虫的蜂房挖出来时进行的观察，开始时的情况就是这样的。

在24小时内，第一只猎物就被吃掉了。这时我似乎觉得幼虫在蜕皮，至少它有一会儿蜷缩起来没有活动，然后它脱离了绳子。现在它自由了，跟这一堆猎物打成一片了，从此它不可能跟猎物脱离开了。救生绳没有用很长时间，它曾经保护了卵，保护了孵化。幼虫还很弱，危险还没有减轻，所以我们还将会发现别的保护手段。

有一个很奇怪的例外，我还没有见过别的例子，食物还没放好，卵就产下来了。我曾见到一些蜂房里面没有任何食物，可卵已经在蜂房的天花板上摇摆了。我还看到有的蜂房里已经有卵，可猎物只有两三只，那只是24只丰盛佳肴的头道菜罢了。与其他捕食性膜翅目昆虫完全不同，它提前产卵，自有它的道理，下面我们将会看到，它有自己的逻辑，令人赞叹不已。

这卵产在空无一物的蜂房里，不是随便固定在墙壁的什么地方的，虽然要挂在哪里都可以；卵挂在离蜂房尽头不远处，对着入口。雷沃米尔已经注意到新生儿的位置，可他没有强调这一细节，因为他没有看到其重要性。他说："幼虫生在洞底，在蜂房的尽头。"他没有说卵，因为他似乎没有看到卵。他对于幼虫的出生地是非常熟悉的，为了尝试在他亲手做的玻璃蜂房里进行饲养，他把幼虫放在尽头，食物放在上面。

研究蜾蠃的这位著名的博物学家，用几个字叙述的小小的细节，我为什么要说个没完呢？小细节，呵，不是的；相反，这正是极其重要的条件。我来说说为什么。卵产在房间里，就要求蜂房是空的，而粮食的供应要在产卵后进行。现在一只只食物，一层层地储存好了，摆在卵的前面；蜂房里猎物装得满满的，一直堆到门口，最后门口贴上了封条。

猎取食物要花好几天时间，哪些食物是最早捕猎到的呢？卵旁边的那些。哪些是最新的呢？靠近洞口的那些。不过，显然，必要时还需要直接的观察来证明；我要指出，堆在窝里的猎物，力气会一天天衰弱，这是显而易见的。只要长时间饿肚子就足够使它们衰弱，何况伤势还会越来越重呢。生在洞底的幼虫，在婴儿期，身边的食物危险比较小，因为这些猎物堆放的时间最久，所以最虚弱。随着它向食物堆里前进，它遇到的猎物比较新，也比较有力气，但这个时候，进攻已经不会有什么危险了，因为它的力量增强了。

先吃饿得最没有力气的，后吃坏死程度弱的，就要求猎物不要打乱叠放的次序。事实正是这样。那些研究蜾蠃历史的先驱们都已经看到，给幼虫吃的猎物蜷成环节。雷沃米尔说："蜂房里有一些绿色的猎物，数目8～12个。小虫都蜷缩着，背部靠在洞壁上，一层一层叠起来，是不可能乱动的。"

我从两打猎物那里也看到了类似的事实。它们蜷成环状，一个叠着一个，背顶着墙壁，但是排列得有点乱。我不认为这种弯曲的环，是由于很可能受到蜇刺的结果，因为被砂泥蜂蜇刺的幼虫，从没有出现过这种情况；我更倾向于认为，这是小虫在不活动时的自然姿势，就像赤马陆自然地蜷成蜗形似的。这种活的手镯有可能恢复成直线形；这是一张弯弓，它撑开顶着四周的障碍物。就是由于这样的蜷缩，每只小虫靠着把背略微顶住墙壁，一直保持着原来的姿势；即使蜂房接近垂直，它也一直保持这样的状态。

另外，为了便于储存，窝的形状也是经过计算的。在靠近门口可以称之为食物储存库的部分，蜂房是狭窄的圆柱形，只给小虫最小的空间，把它挡住，不让它滑下来。猎物就是堆放在那里，一只紧贴一只。在另一端，靠近洞底，蜂房扩大成蛋形，好让幼儿不受拘束地躺在那儿。两者的直径，差别十分明显，入口只有四毫米，洞底有十毫米。由于宽度的不同，大屋便分成了两个房间：前部是食品储存库，后部是餐厅。黑胡蜂宽敞的圆顶屋无法这样布置，猎物乱七八糟地堆在里面，最早的跟最新的杂乱混在一起，猎物都没有蜷缩，只是有点弯曲；然而，攀登套可以弥补混乱放置所带来的麻烦。

我还注意到，食物并不是像压实的羊肉串那样一串串一直排到幼虫跟前。在还没有堆放食物或者刚开始堆放食物的蜂房里，我看到了这种情形，在卵或者刚孵化的幼虫附近，在我称之为餐厅的地方，空间并没有完全被占满；那里只有几只猎物，三四只，跟猎物堆稍微隔开，因而给卵和初生的幼虫留下了安全的空间，这就是幼虫初期餐饮的菜式。刚开始进食时是要碰运气的，如果有危险，悬吊绳便为撤退提供保护。再往前，猎物一行行紧紧排着，幼虫就这样一路吃下去。

幼虫现在力量大些了，它会不会冒冒失失地钻到猎物堆里去呢？噢，不会的。它有条不紊、从下到上地吃着。幼虫把呈现在它面前的活虫环拉过来，拉到自己跟前，放到它的餐厅里，这样它进餐时就不会有受其他猎物骚扰的危险。

现在，我用简短的总结作为结束吧。同一间蜂房里备着大量麻醉得很不彻底的猎物，会危及膜翅目昆虫和它初生幼儿的安全。它怎样来避免危险呢？问题就在这里，而解决办法有好几种。黑胡蜂使用鞘让幼虫上升到天花板上去，这是一种办法；蜾蠃也有它的办法，一样巧妙但复杂得多。

必须避免卵和刚孵化的幼虫与猎物发生危险的接触，一根悬吊绳解决了这个难题，这也是黑胡蜂采用的方法；这根绳支持幼虫缩身离开猎物堆，但是不久，小幼虫在吃了第一只猎物后，就自己从绳子上掉下来。于是，为了安全，它必须创造一连串的条件。

出于谨慎，小幼虫必须先进攻最没有伤害能力的，即饿得最没有力气的猎物，在蜂房中摆在前面的猎物；另外，出于谨慎，还要求先吃最早放的后吃最近放的猎物，保证自始至终都有新鲜的野味。为此，它在普遍的规则里制造了一个奇怪的例外：产卵在前，备粮在后，卵产在蜂房的尽头；这样食物便以时间先后次序呈放在幼虫面前。这样还不够；还要求猎物不能通过自己的活动，改变叠放的次序，这是很重要的。这种情况它已经预见到了：食物库是一个狭窄的圆柱体，在里面要想移动位置是困难的。

此外，幼虫应该有足够的空间，可以自由自在地活动。这个条件也准备好了，蜂房的后部是一个相当宽敞的餐厅。

完了吗？还没有呢。餐厅不应该像住宅的其余地方那样拥挤，因此，它注意让婴儿期的食物只有少量的野味。

我们谈完了吗？根本没有。食橱即使是个狭窄的圆柱体也没用，如果猎物能够伸直身子，它还会直落下来，扰乱躲在后院里的幼虫的安宁。对此它也做了预先的防范，选用的野味是一种自己蜷成手镯状的小虫，而且依靠它自己撑开顶住洞壁，待在原地一动不动。

就这样蜾蠃巧妙地解决了一系列的困难，终于能够传宗接代。它的行为中已表现出的卓绝的预见性，已经使我们吃惊不已；如果我们迟钝的视觉能够看到一切，那会是多么了不起啊！

昆虫是不是通过一代又一代长期不断地随意尝试和盲目摸索，逐步获得这种诀窍的呢？这样一种秩序会是产生于混沌，这样一种预见会是产生于偶然，这样一种智慧会是产生于神经失常者吗？世界是服从于凝结成细胞的第一个蛋白质原子进化的必然性呢，还是受某种智慧所支配？我越看，越观察，越感到这种智慧在神秘的事物背后闪闪发光。我知道人们一定会当我是个讨厌的因果论者。我才不理睬呢。一个说法在未来是正确的，在现在总是不时兴的，事情难道不就是这样吗？

第七章 关于石蜂的新研究

本来，我想以书信的形式将这一章和下一章的内容，献给英国博物学家查理·达尔文，可如今他却与牛顿相邻而卧，长眠在威斯敏斯特教堂的公墓里。我想向他汇报我的几个实验，这几个实验正是我们在通信中他建议我做的。这对于我来说是十分愉快的，尽管我所观察到的事实，使我对他的理论有所背离，我仍然深深崇敬他的崇高品格和作为学者的坦荡襟怀。我正在写信的时候，突然传来令人伤心的噩耗，这个杰出的伟人与世长辞了。他在探索了物种起源的大问题后，与冥间这个神秘的最终问题交起手来。我只好放弃书信的形式，因为将书信献在威斯敏斯特教堂墓地前是不合情理的。我要以个人著述的方式，用自由的笔调，来阐述我必须以比较学术性的口气叙述的问题。

这位英国学者在阅读《昆虫记》第一卷时，书中诸多问题中有一点给他留下了深刻印象，那就是石蜂具有在远离原来的生活环境后重新找到窝的能力。在返回的旅途中，什么是它们的指南针？什么感官指引着它们？这位深刻的观察家对我谈到，他一直想用鸽子做实验，可由于忙着别的事一直都顾不上。这个实验，我可以用膜翅目昆虫来做。虽然用昆虫代替了鸟，问题仍然是一样的。下面我把他信中关于做实验那一段摘录如下：

关于你所做的昆虫找到回家之路的精彩叙述，请允许我建议你做一件事，这是我以前打算用鸽子来实验的。把昆虫放在纸袋里，运到相反方向一百来步处，但是在转身返回之前，把昆虫放到一个圆盒里，盒里带着一根可以迅速转动方向的轴，破坏昆虫的方位感。我有时曾设想，动物能感觉到它最初被运往的方向。

总之，查理·达尔文建议我，就像我在实验中所做的那样，把每只石蜂放在一个纸袋里，先是把它们运到与释放地相反方向一百步的地方，然后，把俘虏放在一个有旋转轴的圆盒里旋转。这样，昆虫的方向感在一段时间中就会被破坏。可以导致迷失方位的旋转结束后，我往回走，来到准备释放这些俘虏的地方。

我觉得实验的方法设计得十分巧妙。在往西走之前，先往东走。在漆黑的纸袋里，囚犯们会感觉到我让它们走的方向。如果没有任何东西打乱出发时的印象，昆虫就会以这种印象来指引它们返回。这就是为什么我的石蜂搬到三四公里远的地方，还会回到窝里。但是就在昆虫对往东走产生相当深刻的印象时，让昆虫迅速旋转，先是朝这个方向，然后朝另一个方向，来回交替旋转。由于多次反向旋转，昆虫迷失了方向，不知道我已经返回，而仍然保持着出发时的印象。现在我把它运到西方，可它还觉得一直在往东走。受这种印象的影响，昆虫就会迷失方向。在把它释放后，它将向跟它的窝相反的方向飞，结果再也找不到家了。

1½

比利牛斯石蜂

周围的乡下人反复对我说这样的事，因此，我充满了希望，觉得这种结果是很有可能的。法维埃是提供这种消息不可多得的人才，他第一个鼓动我这样做。他告诉我，人们要把一只猫从一个农场搬家到另一个很远的农场去，就把猫放到一个袋子里，在出发前很快地转动袋子，这样就可以不让猫跑回已经离开的家去了。除了法维埃之外，还有许多人对我反复介绍这种做法。据他们说，放在袋子里旋转是万无一失的，迷失了方向的猫就回不来了。我把我刚刚获悉的情况转到英国，我向顿城①的这位哲学家叙述，农民的经验是怎样走到了科学研究的前面。达尔文赞叹不已，我也一样，我们都几乎相信成功在望。

我们是在冬天交谈的，我完全有时间准备，因为实验要在来年五月进行。"法维埃，"我有一天对我的助手说，"我需要虫窝，你认得的。你到邻居家去，要是他同意，就带着你从泥瓦匠那里拿来的新瓦和灰浆，爬到他的草料棚顶上去；你从屋顶上把虫窝最多的瓦取下来，然后再按原样把新瓦铺好。"

他照办了。邻居很乐意换瓦，因为他自己时不时都得把石蜂的窝拆掉，如果他不想看到他的屋顶有一天将塌下来。而我则提前一年为他进行紧急的维修。当天晚上，我拥有了12个漂亮的窝，窝是长方形，每个窝都建在一块瓦的凹面，朝着草料棚内的那一面。我出于好奇，把最大的称了称，秤杆上显示出16公斤。那屋顶上盖满了这样的东西，一个连着一个，建在70块瓦上面。即使把最大的和最小的平均计算，而且只算一半的重量，这种石蜂的窝总重量也达到了560公斤。且不说法维埃向我保证，他在邻居草料棚里面还看到了更大的呢。如果你让石蜂找到合适的地方就随便砌窝，让一代代建筑物一直累积起来，那么屋顶因负荷过重，迟早要塌下来的。如果你让窝天长日久地下去，等待雨水把他们浸泡得一块块掉下来，

---

① 达尔文曾经在顿城（Down，又译唐郡）居住过。——译注

那么碎石就会落到你的头上，把你的脑袋砸碎。这便是人们所知甚少的一种昆虫的宏伟建筑物①。

为了实现我给自己规定的主要目标，这些宝贵的窝还不能满足需要，不是数量不足，而是质量不能满足要求。这些窝取自于邻居的房子，那房子跟我家隔着一小块麦田和橄榄园。我担心从这些窝里出来的石蜂，会受到在草料棚居住多年的祖先遗传影响。运到外地去的石蜂，也许会在根深蒂固的家族习惯指引下回来；会找到先人的草料棚，从而毫无困难地回到窝里去。既然眼下时兴让遗传的影响发挥非常大的作用，那么我就得在实验中消除这些影响。我需要从远处寻找外地石蜂，这样，出生地点就丝毫不会帮助它们返回被移动过的窝里。

法维埃负责这件事。他在离村庄几公里的埃格河边，发现了一间废弃的破房子，很多石蜂成群聚居在那里。他想用手推车把盖着蜂房的砾石运回来；我劝他不要这样做，车子在石子小路上颠簸，会损坏蜂房里的蜂儿，最好是用篮子扛在肩上。他叫了一个助手出发了。这趟远征我可以得到四块有许多窝的瓦，他俩所能扛的就这么多，而且在扛回来后，我还要请他们喝一杯酒呢，他们都累得精疲力竭了。勒瓦扬跟我们谈到，他用两只公牛拖着板车去运夏鸟的

---

① 人们不太了解这种昆虫，我在第一卷中谈到它时，犯了一个严重的错误。我使用西西里石蜂这个错误的名称，实际上包括两类石蜂，一类在我们的房屋，尤其是草料棚下面筑窝；另一类在灌木树枝上筑窝。第一类有好几个名称，按先后顺序为：比利牛斯石蜂（拉普勒蒂埃），红脚石蜂（诺斯塔克），红跗石蜂（吉诺）。但讨厌的是，这样的名称会令人误会。我不想把一种在比利牛斯比在我们地区还少见的昆虫，冠上比利牛斯的修饰语，我把它称为"棚檐石蜂"。这名称放在读者不在意昆虫学体系而希望看得明白的书中，没有丝毫不合适。第二类，在灌木枝上筑窝的，就是红黄色石蜂（佩雷）。我把它称为"灌木石蜂"。我的这些更正应当感谢通晓膜翅目昆虫、博闻广识的波尔多教授佩雷先生。——原注

窝。我的石蜂可以与南部非洲的鸟比美，把石蜂的窝从埃格河畔搬回来，就是用一对公牛来拉也不会太夸张。

现在的问题是要把我的瓦放好，我一定要把它们放在眼睛看得到的地方，便于观察和避免从前的小麻烦：老是要爬上梯子，长时间站在木横架上，脚底心都站疼了，阳光照射，墙都晒得滚烫。另外，必须让我的客人们在我家里差不多就像在它们家里一样。如果我想让它们喜爱它们的新居，我必须让它们生活得愉快。我正好有适合它们的东西。

我在花圃的平台下面开辟了一个门廊，两侧阳光照得到而尽头背阴。大家各得其所，背阴的地方归我，有阳光的地方给我的囚犯。每片瓦用一个粗铁丝钩挂在壁上，与我的眼睛齐高。我的窝一半在右边，另一半在左边。这一切看起来是相当新颖独特的。第一次看到我的陈列品的人，起先会以为这是一些腌制品，外国的肥肉条，我正在赶快把它们晒干。发现这种想法错了之后，人们面对我发明的蜂窝，就会赞叹不已。消息迅速传遍全村，不少人带着恶意谈论这件事，他们认为我在养育杂交蜜蜂。谁知道这一切会使我得到什么呢？

四月还没结束，我的蜂窝就已经呈现出一片忙碌景象。在热火朝天的劳动中，蜂群像一小团旋转的云，发出嗡嗡的响声。门廊通向一个存放着各种日常用品的房间，现在变成了石蜂飞来飞去的过道。家里的人起初跟我吵，因为我把这个危险的蜂群放在家里。要去拿东西，必须穿过蜂群，而且要小心别被蜇着，所以家里人不敢到那里去。

我必须指出危险是不存在的，我的蜂儿是无害的，只要不被抓到，它就不会蜇人。在一个土巢脾上，那些泥瓦匠黑压压一片正在工作，我把脸凑上去，几乎都要碰到土了，我把手指在蜂群中伸进伸出，我把几只石蜂放在手掌上，我站在旋转的蜂群最密集的地方，可我从来没有被刺过，我早就知道它们性格温和。从前我跟大家一样害怕，我不敢走进砂泥蜂或者石蜂的蜂群中；如今我已经不怕了。你不去找它的麻烦，它绝不会想到伤害你。至多只是有几只出于好奇而不是由于愤怒，在你面前飞来飞去，老是看着你，它的全部威胁只不过是嗡嗡叫罢了。让它在你面前飞吧，它的访问是没有恶意的。

说了几次，家里所有人都放下心来，大人和小孩在门廊下若无其事地走来走去。我的石蜂不但不再令人害怕，反而可以让人散心消遣；看着它们灵巧的工程取得进展，每个人都觉得是件乐事。对于陌生人，我却不想泄露秘密。当我正站在悬挂着的巢脾前，要是有人从门廊前走过，就会有这样的短短对话："它们认得你才不会蜇你是吗？""当然，它们认得我。""那我呢？""你吗，那就是另一回事了。"于是那个人就老老实实地站得远远的，这正是我所希望的。

到了考虑实验的时候了。为了辨认它们，我必须给参加旅行的石蜂做记号。把红色的，或者蓝色的，或者别的颜色的色粉，掺和进稀释的阿拉伯树胶里，就是我用来给旅行者做记号的材料。由于颜色的不同，我就不会把不同实验的对象混淆。

我第一次实验时，是在释放石蜂的地方做记号，我得用手指一只只地抓蜂儿。我老是挨蜇刺，一记比一记疼，因此，大拇指的施力就不会始终轻轻的，结果损伤了旅行者，有的翅膀被弄断，飞得就没有力气。不管对我还是对昆虫来说，这种方法都应该改进。给石蜂做记号，把它们弄到别的地方和释放它们，应该不要用手抓，碰都不去碰一下。依靠经验，这样难办的事也做到了。下面就是我采用的方法。

石蜂在把肚子放进蜂房后，要把肚子上的粉刷下来，或者在砌窝时，对工作非常专心致志。这时我可以用一根麦秆沾上色胶，在它胸上做记号而不会惊吓了它。石蜂对于这轻轻的一碰是毫不在意的，它飞走，又带着灰浆或者花粉飞回来。我让它继续往返旅行，直至胸部的记号完全干燥。记号干得很快，因为阳光强烈，这是它们的工程所必须的好天气。这时必须把石蜂抓住，关到一个纸盒里去，不过仍然不要碰着它。蜂儿正专心于自己的工作，我用一个玻璃小试管罩着它，它一飞就钻到管里去了，我再将它移放到纸袋里，然后立即封好纸袋，放进用来运输石蜂的白铁盒里，在释放时只要打开纸袋就行了。所有的操作就这样完成了，根本不必提心吊胆地用手指去抓。

接着我还要解决别的问题。记下返回的石蜂数目，我要规定多长的时间范围呢？我得解释一下。我用沾了胶的麦秆，在石蜂胸部轻轻一触所留下的斑点，并不是永久不褪的，它只是沾在毛上，再说这斑点也没有我用手抓住石蜂时点得牢。而且石蜂经常刷它的胸部，有时当它从过道里出来时，还要掸掸身上的尘土；另外它每次送蜜走进蜂房，从蜂房出来，毛都要不断地跟蜂房的墙壁发生摩擦。于是一只原先衣着整齐的石蜂就变得衣衫褴褛；它的毛由于劳动而被剃光刮尽，就像工人的工作服烂成碎片似的。

不仅如此，夜晚或者雨天，高墙石蜂栖身于圆顶屋中的某个蜂房里，身子在里面，头朝下。棚檐石蜂只要有空的过道，差不多也是这样。它躲在这些过道里，头朝里面。一旦这些老屋被废弃，开始建新蜂房时，它就选择一个新的藏身处。我前面说过，在荒石园，堆着用来垒围墙的石头，我的石蜂就是在那里过夜的。许多群石蜂就躲在两块没有垒严密的石头隙里，杂乱地挤在一起，雌雄都有，有的一群有几百对。最常作为宿舍的是狭窄的石头缝，每只蜂儿蜷缩在里面，尽可能朝前，背靠在缝里。我看到有的往后仰，肚子朝天，就像我们睡觉的那种姿势。如果突然下起雨，如果天空乌云密布，如果刮风，它们就不从藏身所出来。

所有这些都使我无法指望，胸部上的斑点能长时间保存。白天不断刷身，跟过道墙壁的摩擦，会使斑点迅速消失；夜晚，几百只石蜂躲在狭窄的宿舍里，情况则更糟。在两块石头空隙里过了一夜后，就别指望前一天做的记号还会保留。因此，应该立即清点回窝的石蜂，过一天那就太迟了。由于我不可能认出斑点在夜里消失的石蜂，我只记录当天回来的。

剩下的是要做一个旋转的装置，达尔文建议我采用一个靠一根轴和一个手柄转动的圆盒子。我手边没有这样的东西，于是我采取乡下人把猫放在袋子里转动，使它迷失方向的办法，更简单而且一样有效。我把石蜂单独放在一个个的纸袋里，再把纸袋放进一个白铁盒中，为防止旋转时发生碰撞，纸袋都小心垫塞妥当；最后我用一根细带系住盒子，像转动投石器那样旋转铁盒。有了这样的装置，我想转得多快，我想怎么转，使囚犯失去方位感，都轻而易举。我可以把白铁盒先朝这个方向然后朝另一个方向交替旋转；我可以放慢、加快旋转的速度；我可以随意让它画出"8"字形的曲线，打几个圆圈；如果我用单脚旋转，我完全可以把这种投石器全方位地转动，使旋转更加复杂些。我就要这么办。

1888年5月2日，我在10只石蜂胸部做了白色的记号。当时这些石蜂正在从事不同的工作，有的在勘探土巢脾选择做窝的地方，有的正在砌窝，有的在储备食物。斑点点了后，我像前面说过的那样把它们抓住放好。我把它们先运到与释放地相反方向半公里处，选择了农舍边的一条小路，做准备工作；我希望在我转动我的投石器时，四周只有我一个人。小路的尽头有一个十字架，我在十字架前停下来，就在那里旋转石蜂。可是，当我让白铁盒画出颠倒的圆圈和"之"字形曲线时，当我用单脚旋转以便各个方位都能转到时，一个老实巴交的女人从那里经过，她用那样的眼睛，啊，那样的眼神看着我。在十字架下，而且做着这种愚蠢的法事！人们过去曾经谈论过，这是在施招魂法术。前些日子，我难道没有从地下挖出过一个死人！是的，我曾搜索过一个史前的坟地，我从里面取出了一些可敬的粗胫骨，一个陪葬的碗和马的几根肩骨；这些马曾跟随主人长途跋涉。我做过这些事，大家都知道；现在又被发现在十字架下从事魔鬼的活动，这个人的名声真是坏透了。

没关系，对于我来说，这点勇气还是有的，旋转在这个预先没有料想到的证人面前，按原计划完成了，于是我转身向塞里昂的西边走去。我选择人迹罕至的小路，我从田里穿过去，尽可能不要再遇到人。只不过在我打开纸袋把石蜂放走时，肯定会被人看见的。半路上，为了把实验做得更彻底，我又旋转白铁盒，跟第一次做的一样复杂，到达释放地后我又旋转了第三次。

释放地是在一块多石的平原尽头，只有稀稀疏疏的一些绿色的杏树和栗树。我大步往前走，直线穿过去用了半个小时，因此，距离有三公里左右。天气晴朗，万里无云，北风轻轻地吹拂。我坐在地上，面朝南方，石蜂可以自由地往窝的方向或者相反的方向飞。我在两点一刻把它们释放了。纸袋一打开，大部分石蜂围绕着我，次数不等地转了好几圈，然后猛地展翅飞走了。我所能看到的，是往塞里昂的方向飞走了。进行观察是困难的，石蜂围着我的身体转了两三圈，似乎在离开之前想辨认一下这个可疑的东西，然后突然一下飞走了。

第二天，我又进行实验。给10只石蜂做了红色的记号，这样我就可以把它们和昨天已经回来的，以及还可能带着白点返回的石蜂区别开来。跟第一次同样的小心，同样的旋转，同样的地点；只不过我仅仅在出发和到达时旋转了白铁盒，在路上没有旋转。石蜂是在11点15分释放的。我喜欢上午进行实验，因为在上午，石蜂的劳动更紧张些。11点20分，安多尼娅发现一只石蜂已经在窝里了。假设这一只是第一个释放的，那么整个路程它需要5分钟；再说完全有可能第一个释放的是另一只，那么它飞行所需要的时间更少。这是我所可能看到的最快的速度。我是中午回家的，在不长的时间内又飞回来了3只，以后就再也没有了，10只石蜂总共回来了4只。

5月4日，天气晴朗，无风，炎热，适合做实验。我拿了50只做了蓝色记号的石蜂，要走的距离仍然一样。把石蜂朝与释放地相反的方向运输了几百步后，我进行第一次旋转，路上还旋转了三次，在释放地我第五次旋转。如果这一次它们没有失去方向感，这可不是我只旋转了两次的过错。9点20分我开始打开纸袋，纸袋就放在一块石头上。时间还早了一点，石蜂被释放后，犹豫了一会，懒洋洋的；它们在石头上晒了一会日光浴后就飞起来了。我坐在地上，面朝南方。我的左边是塞里昂，右边是皮奥朗克。它们飞得那么迅速，我看得见被我释放的囚犯消失在我的左边。有几只，不过很少，飞往南方；两三只飞往西方。我没说北方，因为北方被我挡住了。总之，大部分往左边，即窝的方向飞。放蜂于9点40分结束。50个旅行者，有一个在纸袋里记号就没了，我把它扣除不算，放蜂的总数是49只蜂。

安多尼娅负责监视返回的情况，据她说，头一批是在9点35分到达的，在释放后的五分钟出现。到中午总共到达了11只；到傍晚4点，共有17只。清点在这时结束，49只中，返回的有17只。

第四次实验是在5月14日。阳光灿烂，有微微的北风。早上8点，我拿了20只做了玫瑰红记号的石蜂，先朝反方向走了一段路后进行旋转，途中再旋转两次，第四次是在到达时进行的。所有我能够看到它们飞行的，都是朝我的左边，即朝塞里昂的方向飞。不过我采取了预防措施，好让它们在两个相反的方向中可以随便选一个。我的狗在我右边，我特地把它赶走。今天，石蜂没有围着我身边转，有些直接飞走了，更多的也许由于一路的颠簸和旋转的摇晃而有点头晕，在几米远处歇歇，似乎等待稍微回过神来，然后往左边飞走了。每一次实验时，只要能够观察得到，都可以看到这种普遍的回窝激情。我在9点45分回到家，两只带玫瑰红斑点的已经在窝里了，其中一只口里衔着灰浆团正在砌窝。下午一点，已到达的有7只，以后就没有再见到回来的了。20只石蜂，回来的总共7只。

就到此为止吧，实验反复进行多次已经足够，但结论并不像达尔文所希望的那样，也不像我所希望的那样，尤其是比起人们跟我叙述的猫的故事来更是如此。根据人们的叮嘱，我先把石蜂运到释放地点的相反方向，这无济于事；在我就要往回走时，我以所能想象的复杂的办法旋转我的投石器，也无济于事；我反复旋转，在出发时，在路上，在到达时，总共旋转了五次，以为这样可以增加难度，但仍然无济于事；什么办法都无济于事。石蜂回来了，当天返回的比例在30%～40%左右。一位如此杰出的大师提出的，而我认为可以彻底解决问题，所以很乐意接受的想法，我真难以放弃；可是事实摆在那里，事实比一切最精明的估计都更有说服力，问题仍然跟过去一样不可思议。

过了一年，1881年，我重新进行实验，但按另一种想法进行。迄今为止，我都是在平原做实验。被我运到别处的石蜂只要克服微不足道的障碍，越过作物的篱笆和树丛，就可以返回它们的窝。如今我打算除了距离的困难外，再加上路途上要克服的困难。什么旋转，什么倒着走，这一切都已经证明是没有用的，我不来这些，我要在塞里昂最密集的树林中释放石蜂。这样的迷宫，我最初还需要指南针才能够知道自己在什么地方，石蜂怎么出得去呢？另外，我还要一个助手，他的一双眼睛比我年轻，更适合注视石蜂最初是怎么飞的。刚释放就往窝的方向飞，已经发生过多次，这种情形比飞回窝本身更加吸引我。一个学药剂的学生回父母家小住几天，他将作为我的合作者，用眼睛观察。跟他一道，我觉得很自在；他对于科学并不陌生。

5月16日，树林中的远征。天气炎热，孕育着暴风雨。南风迅猛，但不足以阻碍我的那些旅行者。我用40只石蜂做实验。由于距离的关系，为了缩短准备工作，我不在土巢牌上给它们做记号，我将在出发地点，在将释放它们时做记号。用老办法做记号，我被蜇了好多下，为了节省时间，我宁愿这样。我花了一个小时走到释放地，把曲折的路途扣除掉，距离约有四公里。

释放地应能够让我看出一开始的飞行方向。因此，我选了一块林中空地，四周是广阔茂密的树林，把地平线从四边挡住；南边，窝的那个方向，绵亘着一排比我所在的地点高100米的丘陵。风不大，但对于石蜂来说，要飞回家必须逆风而行。我背对着塞里昂，石蜂从我的手指中逃脱出来，为了回到窝里去，就得从我的身体两

侧逃走;我给石蜂做了记号,然后一个个地把它们放掉。操作于10
点20分开始。

有一半的石蜂显得相当懒散,稍微飞了一下就落到地上,似乎
要恢复一下知觉,然后才飞走;另一半的态度则比较果断,虽然要
与微弱的南风作斗争,可它们一开始就朝着窝的方向飞去。所有的
石蜂在围着我们兜了几圈或者转了几个弯后,全都朝南飞去。在我
们能够密切注视开始飞行的石蜂中,没有一个例外。我和我的同伴
都十分清楚地看到了这个事实。我的石蜂朝南飞走,仿佛有罗盘给
它们指示飞行方向似的。

中午,我回到家。窝里没有一只被带到外地去的石蜂,但是几
分钟后,我抓到了两只。两点,数目达到9只。但是,这时乌云密
布,狂风劲吹,暴风雨即将来临,再也不能指望还会有归来的了。
40只石蜂,总共回来了9只,占22%。

前面几次实验,返回的比例为30%~40%,这一次的比例小
些。该不该把这个结果归之于要克服的困难呢?石蜂是不是在森
林的迷宫中迷路了呢?谨慎的做法是不做结论,别的一些原因也会
减少返回的数目。我在现场给石蜂做记号,我用手摆弄过它们,我
因为被蜇疼,手指用力可能大了些,所以我不敢断言它们从我手中
出来时,全都是精力充沛的。另外,天空乌云滚滚,暴风雨即将来
临,在这地区,五月的气候变化无常,不大可能一整天都是好天
气。上午风和日丽,下午却可能风雨交加;我对石蜂进行的多次实
验都受到这种天气变化的影响。在衡量了一切因素后,我倾向于
认为,不管是穿过山岭和森林,还是穿过平原和麦田,石蜂都可
以返回。

我还有最后一个办法使石蜂迷失方向。先是把它们运到远处,

然后拐一个大弯从另一条路回来，我将在离村子约三公里处释放我的囚犯，这样我就需要有一辆车。我在树林中做实验的合作者，把他的带篷小推车借给我，我俩带着15只石蜂走上奥朗日公路直至旱桥附近。在那里，右边是那条笔直的古罗马公路，多米西亚公路。我们沿着这条公路走，向北朝余霄山区走去，那里是十分精美的土仑阶①化石的传统产地。然后我们从皮奥朗克公路返回塞里昂。我们停在封克莱尔原野的小丘上，那里离村庄2.5公里。读者在军事地图上可以很容易地跟着我们的路线走，他们会看到这个弯拐了将近九公里。

与此同时，法维埃从皮奥朗克公路这条直路，来到封克莱尔跟我们会合。他带了15只石蜂与我的石蜂作比较。现在我拥有两组石蜂。15只有玫瑰红标记的拐了九公里的弯，15只做了蓝色标记的，从直路，从回窝最短的路前来。天气炎热，晴朗，平静；确保实验取得成功，我再找不到比这更好的条件了。中午我把石蜂释放了。

傍晚5点，我原先以为带玫瑰红点的石蜂，在车上兜了一个大圈会迷失方向，它们回来了7只；直线来到封克莱尔的带蓝点的石蜂回来了6只；比例分别为46%和40%，几乎是一般多。曾兜个圈走的石蜂，回来的数目稍微多一点，显然是偶然的结果，不必过于重视；拐弯并不会有助于它们的返回；不过这个弯并没有难住它们，这也是无疑的。

实验充分证明，不管是移动还是旋转，不管是要越过丘陵和穿过森林的障碍；不管是顺着一条路往前走，往后退，再兜个大圈回来，这些诡计都不会使离开平常生活环境的石蜂晕头转向，阻止它

---

① 土仑阶：晚白垩纪的世界性标准地层和年代划分单位，法国的土仑阶以灰岩为主。土仑阶所含化石以头足类的各种菊石以及白垩纪蛤类中的叠瓦蛤占优势。——译注

们回到窝里来。我曾把最先的否定结果，即旋转的否定结果告诉了达尔文。他原先预料会成功的，所以对于失败感到非常惊讶。他的鸽子，如果他有空做实验，可能跟我的石蜂一样，也不会因预先进行的旋转而晕头转向。这个问题要求采用另一种办法，下面就是他的建议：

> 把昆虫放在一个感应线圈里，打乱它们似乎可能拥有的磁性敏感度或者抗磁性敏感度。

坦白地说，把一个动物比作一根磁针，让它接受电感应来打乱它的磁性或抗磁性，在我看来真是个令人难以想象的奇思怪想。企图用我们的物理学来解释生命，我是不大相信的；不过，出于对著名大师的崇敬，如果有合适的仪器，我会求助于感应线圈。但是在我们村里，没有任何科学仪器；如果我想要电火花，我不得不用一张纸在膝盖上摩擦。我的物理室里有磁铁，仅此而已。达尔文了解我缺乏仪器后，向我提出了另一种简单些的方法，他认为这种方法更加可靠。

> 把一根非常细的针磁化；然后切成非常短的仍然带磁性的小段，用胶把其中一段贴在要接受实验的昆虫胸部。我相信紧贴着昆虫神经系统的这样一点的磁性，会比地电对神经系统产生更大的影响。

这种想法是坚持把动物作为某种磁棒，由地电指引动物返回窝里来。动物是个活罗盘，由于紧靠着一根磁铁而不会受到地面的影响，这个活罗盘就无法辨别方向。把一块小磁铁与神经系统平行地固定在胸前，由于它比地磁离昆虫近，昆虫就失去了辨别方向的能力。我写这几行字时，是把这位学者的鼎鼎大名作为挡箭牌的，因为他是这种想法的倡导者。如果这想法是出自于我这样的小人物，那么，态度就不怎么严肃了。默默无闻的人不会有这样大胆的理论。

实验似乎很容易，我可以办得到，那我就试试吧。我用一根很细的针摩擦磁棒使针成为磁铁，我只用它最细的针尖部分，有五六毫米长。这一段完全是个磁铁，它吸引，它排斥另一根挂在一条线上的带磁性的针。怎样把它固定在石蜂胸上有点棘手。此时，我的助手、药剂学学生把他药房里所有有黏性的东西都贡献了出来。其中最好的是他用一种非常细的布特别制作的橡皮膏，好处是当我们要在田野里操作时，可以用点着烟的烟斗把它烘软。

我从橡皮膏上剪下跟石蜂胸部一样大的小方块，把磁化的针尖插进橡皮膏布的几根线里。现在只要把胶稍微烘软，然后立即贴在石蜂的胸部就行，因为针是按石蜂的长度截断的。我还准备了一些类似的针尖并测定了它们的磁极，我可以随意地在一些石蜂身上，把南极指向头部，而在另一些石蜂身上，把南极指向尾部。

我跟我的助手一道，事先反复进行了操作；到远处做实验之前，有必要先熟练操作。另外我很想看看石蜂在套上磁性的鞍辔后，会有怎么样的表现。我抓了一只正在蜂房劳动的石蜂，给它做了记号后，把它运到我的书房去。磁化的针尖放在胸部后，我把石蜂放掉了。石蜂一被放走，就掉落下来，发狂似的在房间的地板上打滚，它飞起，又掉落，侧身翻，仰身滚，撞到障碍物上，发出响声，绝望地蹦跳挣扎；最后，它猛地一飞，从敞开的窗户逃走了。

这是怎么回事？磁铁似乎以奇怪的方式作用于被试的神经系统！它的机能是那样的紊乱！它的神情是那样的慌张！石蜂中了我的巧计，迷失了方向，仿佛惊呆了。我们到窝里去看看究竟会发生什么事。等待的时间并不长，我的石蜂回来了，但是身上那个磁化设备没有了。不过，从胸部的毛上还带着的胶的痕迹，我可以把它辨认出来，它回到窝里又干起活来。

我探究未知的事物时是多疑的，不倾向于不加考虑就作结论，表示赞成还是反对，对于刚刚看到的事情，我产生了怀疑。刚才那么奇怪地使我的石蜂神志混乱的，真是磁性的影响吗？当它在地板上拼死挣扎，蹬腿扑翅时，当它惊慌失措地逃走时，它真的是受贴在胸前的磁铁所支配吗？我的器械是不是破坏了地电对它的神经系统导向的影响呢？或者它的发疯行为只是戴上了这个不寻常的鞍辔的结果呢？这是必须要弄明白的，而且刻不容缓。

我又做了一个器械，不过，这次我用一根短麦秸来代替磁铁。戴着这玩意儿的石蜂跟第一次一样，在地上打滚，转动，烦躁不安，直到胸上的毛都被扯掉，把这器械挣脱掉为止。麦秸发挥跟磁铁一样的作用，说明前面所发生的那一切，并不是由于磁性的缘故。在这两种情况下，我的器械都是令它不舒服的玩意，石蜂立即要想尽一切可能的办法把它摆脱掉。只要它胸前还戴着这样的器械，不管磁化与否，要想看到它的正常行为，那就像把一个旧沙锅系在狗尾巴上，把狗弄得发了疯，却想研究它的正常习性一样。磁铁的实验是不可行的，即使动物接受实验，这样的实验能说明什么呢？什么也不能说明。一块磁铁跟一根麦秸一样，对于回窝是没有任何影响的。

第八章　我的猫的故事

如果旋转丝毫不会使昆虫迷失方向，那么它对于猫会有什么影响呢？把猫放在袋里旋转，阻止它回家的办法，真是可信的吗？我最初相信它，是因为它跟著名的大师那充满希望的想法是那么符合。现在，我的信念动摇了，昆虫使我对猫产生了怀疑。如果昆虫在经过旋转之后能够返回，为什么猫不会返回呢？于是我进行新的研究。

首先，猫能够回到它在屋顶和谷仓里所喜爱的窝，让它纵情嬉戏的场所，这种说法有多大的可信度呢？人们关于它的本能，讲了些稀奇古怪的事实，幼稚的自然史书籍中，充斥着高度赞扬它作为朝圣者了不起的业绩。我对这些故事并不怎么重视；它们都是来自于一些没有批判眼光，容易夸大其辞的观察者。不是随便什么人都能正确无误地谈论动物的。当某个不是干这一行的人对我说，这动物是黑色的，我首先就想了解一下，这动物会不会碰巧不是白的，许多时候事实却正好相反。人们向我赞美猫是旅行的专家，好啊，我们就把它看作一个愚蠢的旅行者好了。如果我只有书本的和不习惯于进行认真的科学考察的人的证据，那么我就会这样。幸好我了解的几件事，丝毫没有给我的悲观论增添论据。猫作为目光敏锐的朝圣者的盛名，是名副其实的。现在我来叙述这些事实吧。

这事发生在阿维尼翁。一天，院子的墙上出现了一只可怜巴巴的猫，身上的毛乱七八糟，肚子凹了进去，背上瘦骨嶙峋，饿得直叫。我的孩子们当时还很小，可怜它饿成这个样子，便把面包浸在牛奶里，放在一根芦竹上喂它。它接受了，一口接着一口地吃，吃饱后便走掉了，不顾那些富有同情心的朋友们，都在"猫咪！猫咪"地喊它。很快这个没饭吃的猫又饿了，它又在墙上的食堂出现。同样的面包浸在牛奶里，同样的温柔话语；它受到引诱，走了下来，我们可以摸到它的背。天啊！它多瘦啊！

这是当日的大问题，我们在吃饭时谈论这件事。我们要收养这个流浪儿，把它留下来，给它做个草窝。这真是一桩大事情！一群冒失鬼讨论这只猫的命运的会议，我至今还历历在目，并且永远也不会从我的眼前消失。我们叽叽喳喳地说要把这只野猫留下来。不久它长成了一只漂亮的雄猫，圆头大脑，腿上肌肉发达，毛色红棕，带有深色斑点，像只小美洲豹。由于它颜色黄褐，所以起名为"小黄"。过了不久，我们又给它配了一个女伴，它也是在差不多的情况下收留来的。这便是小黄家族的来源，这些猫一直跟着我辗转搬家，至今很快就要二十年了。

第一次搬家是在1870年。此前不久，一个让大学师生深深怀念的部长，杰出的维克多·杜雷先生为中学女生设置了一些课程。在当时，人们就在尽可能的条件下，开始了今天仍在热烈讨论的大问题。我很乐意为教育事业尽我的绵薄之力，我受委托教物理学和博物学。我充满信心，不辞劳苦；我很少遇到这么专心、这么入神的听众。上课的日子简直就像过节一样，上植物学的那一天更是如此，附近暖房里琳琅满目的东西堆放在桌子上，把桌子都盖得看不见了。

这太过分了。你们瞧瞧吧，我的罪行是多么严重啊！我教这些年轻人什么是空气和水，怎么会有雷电霹雳；如何用一根金属线把心中想的事越洋跨海传过去；为什么炉火烧得那么旺；为什么我们会呼吸；一个种子怎么发芽，一朵花怎么开放。这些事情在某些人看来全是荒唐透顶的，因为他们松弛的眼皮见到光亮就会眨眼。

必须尽快扑灭这盏小灯，必须赶走这个拼命要让这盏灯放光的讨厌家伙。他们暗地里串通我的房东们，要赶走我。我的房东们是老处女，她们把教授新事物看作是十恶不赦的破坏行为。没有书面契约可以保护我，执达员拿着盖了大印的文件来了，勒令我在四个星期内搬家，否则根据法律，就要把我的家具扔到街上去。我必须尽快找个住所，碰巧我找到的第一个住所是在奥朗日，于是我便从阿维尼翁大逃难①。

给猫搬家我们费了不少心，我们全都坚持要把猫一道搬走，因为如果抛弃这些受到我们爱抚的可怜猫咪，它们肯定会挨饿，受到愚蠢的虐待，那么我们就是在犯罪。小孩和小猫可以毫不碍事地一道旅行，把小猫放在篮子里，它们在路上会安安静静的；可是老猫嘛，困难却不小。我有两只老猫，一只是家族的老祖宗，老族长，另一只跟它一样强壮，是它的后代。我们将带走老祖宗，如果它愿意；但要把它的孙子留下来，当然，会给它谋一个安定的生活。

我的一个朋友罗里奥尔大夫愿意收留那只猫。天黑的时候，他把猫装在一个有盖的篮子里带走了。我们刚刚坐到饭桌上吃晚饭，谈着我们的猫交上好运的时候，便看到从窗户跳进来一团滴着水的东西。这个看不出什么形状的东西来到我们脚下，一边擦身子，一边高兴地发出呼噜呼噜的叫声。

这是那只猫。第二天，我知道是怎么回事了。猫送到罗里奥尔

---

① 法布尔为青年开设科普讲座，受到保守势力的阻挠，甚至被几个女房东撵出家门。法布尔被迫辞去教职，在英国哲学家穆勒的帮助下，于1870年离开居住近20年的阿维尼翁，迁往奥朗日。——校注

先生家后，便被关到一个房间里，它一看到自己被关在一个不熟悉的房间，便发狂似的跳到家具上，扑向玻璃窗，在壁炉的装饰品中间乱蹦，几乎要把所有的东西都砸烂了。罗里奥尔太太被这小疯子吓坏了，急忙打开窗户，猫逃到路上，钻进了人群中。几分钟后，它找到了它的家。这可不是件容易的事，它必须穿过大半个城，走过人来人往、错综复杂的街道，逃脱万千危险，躲过街上的顽童和小狗的威胁；最后，它必须渡过索格河，这条河从阿维尼翁穿城而过，这可能是最严重的障碍。河上有桥，甚至有好多座，可是这只猫要走最近的路，没有从桥上走，而是勇敢地跳进河里，它浑身水淋淋的就可以证明。我真可怜这只雄猫，它对自己的窝是这样忠贞不二。于是同大家商量，要尽一切可能把它带走。可是它不需要我们为它操心了，因为没几天我们发现它死在花园的灌木树丛下了。这只英勇的猫成了某个愚蠢的恶作剧的牺牲品，它被毒死了。谁毒死了它？当然不是我的朋友。

　　我再谈谈那只老猫，当我们动身时它不在家，跑到邻居的阁楼乱逛去了。车夫还要回去搬一趟东西，我答应如果他下一次把猫带到奥朗日来，便给他10法郎作为礼物。他最后一次来到时候，果然把猫装在车座下的箱子里给带来了。老猫前一天便被关在里头，当我把箱子打开时，我几乎都认不出它了。从箱子里出来的是一只可怕的动物，乱毛竖立，满眼血丝，口吐白沫，两爪乱抓，气喘吁吁。我以为它发疯了，可仔细观察了一会儿，才知道我搞错了，这是猫对离开故居的恐惧。当它被抓住时，它跟车夫是不是发生了严重的纠纷呢？它在路上是不是受了罪呢？我始终没弄明白，不过我知道得一清二楚的是，这只猫似乎完全变了，它再也没有友好的叫声，再也没有绕膝的承欢；而是闪烁着野性的目光，忧愁中含着阴沉。精心的照顾也无法使它恢复温柔，好几个星期，它都一直忧伤地待在角落里，最后，一天早上，我发现它死在炉膛的柴灰上。由于忧伤加上年迈，它死了。如果它有力气，它会回到阿维尼翁去吗？我不敢断言。至少我觉得，一个动物年迈体弱而无法返回故土，结果因思乡而死，是非常值得注意的。

　　这位族长无法做的，另一只猫会做到，当然距离短得多。我们决定再搬家，一劳永逸地找到我工作所需要的安静。我希望这一次将是最后一次搬迁，但愿如此。我离开奥朗日到塞里昂①。

　　小黄家族已经繁衍了几代，老一代猫已经死去，添了一代代新猫。有一只成年的猫很优秀，可以跟它的先辈比美。在搬家时只有它会有困难；其他的小猫都没有什么麻烦，可以装在篮子里。我把那只雄猫单独放在一只篮子里，否则安宁就要被破坏。它们跟全家人一道坐车旅行，直至到达塞里昂，都没有什么特别的事情。从篮子里出来后，小猫们参观新居，一间间查看房间，用玫瑰色的鼻子去辨认家具。这些的确就是它们的椅子，它们的桌子，它们的靠手椅，但是地方已不是原来的地方。于是它们发出轻微的叫声，投射出探询的目光。抚摩它们，给它们吃点馅饼，它们所有的害怕心理便消失了，第一天，小猫们就适应了新的环境。

　　那只雄猫却执着地眷顾故居。我们把它关在阁楼里，那里有广阔的空间嬉戏；我们陪伴着它，以减轻囚居的无聊；我们给它双份的碟子舔食，不时地让它跟别的猫接触，让它知道它在家里不是孤独的；我们无微不至地照顾它，希望它忘掉奥朗日。它似乎真的忘记了，你抚摩它，它很温柔；你喊它，它跑过来，咕噜咕噜地叫

①　1879年，法布尔从奥朗日迁居至塞里昂。——校注

唤，作出各种媚态。真不错，一个星期的幽禁和温柔的照顾，使它打消了返回故地的念头。我们把它放出来，它就下楼到厨房去，跟别的猫一样待在桌子旁边。阿格拉艾时刻都在看着它，它在阿格拉艾的监视下到花园去，像什么事也没有似的视察四周的情况，然后再回来。胜利了，猫不会走掉了。

第二天，"猫咪！猫咪！……"我们找啊，喊啊，可是根本没有猫咪。啊！答尔丢夫，答尔丢夫①！它把我们都骗了！它走了，它到奥朗日去了。除了我之外，全家人谁也不敢相信，它会有这么大胆的朝圣之举。我断定这个逃兵这时候已经在奥朗日，在大门紧闭的房前叫唤着呢。

阿格拉艾和克莱尔返回奥朗日，找到了猫，它的确就像我说的那样；她们把它放在篮子里再带回来。它的肚子和腿上有红土，这个季节天气十分干燥，地上没有烂泥，可见这只猫是因为渡过埃格河的急流而浑身湿透，潮湿的毛在走过田野时沾上了红土。从塞里昂到奥朗日的直线距离有七公里。埃格河上有两座桥，一座位于上游，一座位于下游，彼此距离相当远。这只猫两座桥都没走，本能叫它走最短的直线，于是它就走这条直线，它肚子上沾的红土就可证明。它穿过了五月的急流，这个时候河里的水大得很；它讨厌水，可为了返回熟悉的窝，它不顾一切回去了。阿维尼翁的那只雄猫也是这样穿过索格河的。

这个逃兵又钻进塞里昂的阁楼里去，在那里住了半个月。最后我们不要它了，还不到24小时，它就回到奥朗日去了。必须把它抛弃，让它去过过不幸的生活。我旧居的一个邻居告诉我，他有一天

---

① 答尔丢夫：法国17世纪喜剧家莫里哀的戏剧《伪君子》中的主人公。——译注

看到这只猫躲在篱笆后面，嘴里衔着一只兔子。它习惯各种舒适的生活，现在没有馅饼了，它就成为偷猎者，在没人居住的房子附近偷家禽吃。它肯定没有好结果的，既然变成了偷食者，小偷的结局当然就是它的结局。

成年的猫会返回老家，尽管路途遥远而且陌生，证据是一清二楚的，我亲眼看到了两次。我的石蜂有自己的本能，猫也有自己的本能。还有一点需要验证的，就是放在袋子里旋转。这种办法会使它们迷失方向吗？还是不会迷失方向呢？我在考虑如何做实验时，得到了一些更精确的信息，说明这种实验是没有用的。第一个告诉我转动袋子的人，是听另一个人说的，另一个人又是重复第三个人的说法，第三个人的叙述是来自第四个人的证据，没有一个人实践过，没有一个人看到过。乡里人的传统就是这样，他们主张采取这种被说成是万无一失办法；他们没有尝试过却认为这办法是成功的，因为在他们看来理由很有说服力。他们认为，如果我们绑住眼睛旋转一会儿，就辨别不出南北西东了。把猫放在黑漆漆的袋子里旋转，结果也会是这样。他们以人来推断动物，就像有的人以动物来推断人一样，如果两者心理世界完全不同，那么就不应该这样推断。

要使这种观念在农民的脑子里生根，就需要不时有新的事实来不断加强它。如果旋转实验成功了，那么离开故居的猫肯定是涉世未深的小猫。对于这样的新手，只要有一点牛奶，它被迫迁徙的愁绪就会烟消云散，不管有没有放在袋子里旋转，它都不会回到老窝里去。不过为了谨慎，我们打算对猫进行旋转；这个实践会为人们认为是成功的，可从来没人为试过的方法提供证据。要验证这方法是否可行，运到外地去的应该是成年的猫，真正的雄猫。

关于这一点，我终于得到了我想要的证据。一些深思熟虑的人，他们明辨是非，值得信赖。他们告诉我，他们曾经试过旋转袋子不让猫回老家去的办法。如果试的是成年猫，没有一个人取得过成功。认真旋转之后，把猫运到很远的地方，猫总是又回来。我记得非常清楚，一只吃池塘里的金鱼的猫，用这种庄严的方法旋转后，从塞里昂运到皮奥朗克，可它又回来找它的鱼了；把它带到山里扔在树林深处，它还是回来了。袋子和旋转仍然毫无效果，这种没有宗教信仰的家伙真该死。我收集了足够多的例子，全都是在良好的条件下实验的。这些例子一致证明，旋转丝毫不能阻挠成年猫返回老家。老百姓所相信的事情，最初是那样吸引我，可它是建立在没有认真观察过事实的农村偏见之上。因此，不管是对猫还是对石蜂，要解释它们怎么会返回，都必须放弃达尔文的想法。

第九章 🐛 红蚂蚁

鸽子运到几百里远的地方会返回它的鸽棚，燕子从远在非洲的越冬地穿洋过海重新回到旧窝，在这漫长的旅途中，它们靠什么指引方向呢？是视觉吗？一位睿智的观察者，《动物的智力》的作者图塞内尔[①]，他对收集在橱窗里的动物的了解不如他人，但他却是研究原生态动物的专家，他认为是视觉和气象指引着信鸽。他说：

> 法国的这种鸟，根据经验知道寒冷来自北方，炎热来自南方，干燥来自东方，潮湿来自西方。它有足够的气象知识告诉它方位，指导它飞行。鸽子被盖在篮子里，从布鲁塞尔运到图卢兹[②]，它们肯定不可能用眼睛把走过的路线记下来，可是任何人也没有权力阻止它，根据对气温的印象，感觉出它是走往南方。到了图卢兹放出来后，它已经知道回到鸽棚要走朝北的方向。于是它便一直朝北飞，当天空的平均温度与家乡的温度相同时才停下来。如果它不能一下子找到旧居，那是因为它飞得偏右或者偏左了。不管怎样，它只要在东边或者西边花几个小时寻找，就可以纠正路线的偏差。

[①] 图塞内尔（1803—1885）：法国政治家。——译注
[②] 布鲁塞尔：比利时首都。 图卢兹：法国上加龙省省会，法布尔童年时代曾在该城生活过。——校注

如果位置的移动是南北方向，那么这个解释是很诱人的，可它不适合于在等温线上朝东西方向移动。另外，这个解释的缺点是无法推而广之。猫第一次穿过迷宫似的大街小巷，从城市的一端跑到另一端回到家里，就不能归之于视觉的作用，不能说是气候变化的影响。同样，我的石蜂也不是靠视觉指导，当它们在密林中被释放时，飞得并不高，离地面才二三米，无法一眼看出地形全貌从而画出地图来。它们干吗要了解地形呢？它们只犹豫一会儿，在实验者身边转了几个不大的圈后，便朝北飞走了。尽管林遮树挡，尽管丘陵高耸绵延，它们顺着离地面不高的斜坡往上飞，越过了这一切。视觉虽然使它们避开各种障碍，可并没有告诉它们要朝哪个方向飞。气象也不起作用，几公里的距离，气候并没有变化。对热、冷、干、湿的经验，并没有教会我的石蜂什么，因为须耗时几个星期的经验，对它没有什么用。即使它们对方位十分熟悉，可它们的窝和放飞地的气候是一样的，它们对究竟要朝哪个方向飞也拿不定主意。对于这些现象，我不得不提出另一个神秘的东西来解释，假设它们具有人类所没有的一种特别感觉。谁都不会否定达尔文压倒任何人的权威，他得出的也是这样的结论。想了解动物对地电是否有感应作用，想查明动物是否受到紧贴在身上的一根磁针影响，这不是承认动物能够感觉磁性吗？我们有这样的感官吗？不言而喻，我说的是物理学的磁力，而不是梅斯梅尔和卡廖斯特罗①之流的磁力。我们肯定没有类似的东西，如果水手本身就是罗盘，他还要罗盘干什么呢？

---

① 梅斯梅尔（1734—1815）：奥地利医师，提出"动物磁力"说，认为人可以通过这种磁力向他人传递宇宙力。　卡廖斯特罗（1743—1795）：意大利江湖大骗子，魔术师和冒险家，在欧洲兜售一种"长生不老药"。——译注

这位大师认为，指引身在异地的鸽子、燕子、猫、石蜂等等动物的，是一种特别的感官能力，一种我们的身体中根本没有的，甚至我们无法想象的官能。不管这是否是对磁力的感觉，我不作定论，但我多少对论证这种感官能力做出了贡

栎棘节腹泥蜂

献，对此我已经心满意足。除了我们所有的感官能力外，动物又增加了一种，它们多么了不起，多么先进啊！为什么我们没有这种感官呢？这对于"物竞天择，适者生存"，可是个极好的且非常有用的武器啊！如果就像人们所断言的，所有的动物，包括人在内，都是从原细胞这唯一的模子中产生出来，并在千万年中自动进化，天赋最佳的得到发展，天赋最差的日趋消亡，那为什么这种奇妙的器官，只是几种微不足道的动物的天赋，而在万物之灵的人类身上却没有丝毫痕迹呢？我们的祖先如果任凭一种这么优异的遗产丢掉，真是太蠢了。这是比尾骨的一截骨头，胡子的一根毛更值得保留的。

如果这种感官没有遗传下来，那岂不是缺乏足够的亲属证据了吗？我向进化论者请教这个小小的问题，并很想知道对于这个问题，原生质和细胞核能够说出个什么所以然来。

这种未知的感官是否存在于膜翅目昆虫身上某个部位，以某个特殊的器官来感知的呢？我们会立即想到触角，每当我们对于昆虫的行为不太明白时，总是归之于触角，想当然地认为触角上会有争论中所需要的东西。可是我有相当充足的理由怀疑，触角具有指向的能力。当毛刺砂泥蜂寻找猎物幼虫时，它的确是用触角像小手指

似的不断拍打地面，这些仿佛在指引昆虫捕猎的探测丝，大概不能够也用来指引昆虫旅行的方向。这一点是需要弄明白的，而我已经弄明白了。

我剪掉几只高墙石蜂的触角，尽可能齐根截断，然后把它们运到别的地方放掉，可它们就像其他石蜂一样，很轻易地回到了窝里。我还以类似的方法实验了我们地区最大的节腹泥蜂栎棘节腹泥蜂，这种捕猎象虫的节腹泥蜂也回到了它的地穴。因此，我们可以抛弃触角具有指向能力这种假设。那么，这种感觉存在于什么地方呢？我不知道。

我只清楚地知道，失去触角的石蜂，回到蜂房后并不恢复工作，它们固执地在正在建造的蜂房前飞翔，在石子上休息，在蜂房的石井栏边歇脚。它们仿佛在那里悲伤地沉思，久久凝望着那没有完工的建筑物。它们走开又回来，把周围的不速之客都赶走，可是它们再也不会重新把蜜或者泥灰运来，第二天，它们不再出现了。没有工具，工人就无心工作了。当石蜂砌窝时，触角不断地拍打，探测，勘探，似乎靠触角把工作干得精确。触角是它们的精密仪器，等于建筑工人的圆规、脚尺、水准仪、铅绳。

迄今为止，我实验的只是雌性石蜂，它们基于母性的义务对窝忠实得多。如果把雄蜂弄到别的地方，它们会怎么样呢？我对这些情郎不大信任，有那么几天，它们乱哄哄地在蜂房前面等待雌蜂出来，彼此争风吃醋要占有情人，然后不管工程正热火朝天地进行，便跑得无影无踪。我心想，回到出生的蜂房或者在别处安居，对于它们来说，有什么差别呢？只要那个地方能找到老婆就行！然而，我错了，雄蜂也回到窝里来了。不错，由于弱小，我没有让它们长途旅行，它们只飞了一公里左右。然而，对于雄蜂来说，这仍然是

从陌生的地方进行的一场远征，因为我从没有看到过它们长途远
足。白天，它们参观蜂房或者观赏花园里的花朵；晚上，它们藏身
在旧洞里或者荒石园的石堆缝里。

三叉壁蜂和拉氏壁蜂，它们都到石蜂
丢弃的洞穴里建造蜂房。三叉壁蜂数量比
较多，要想大致了解方向感觉在膜翅目昆
虫身上的普及度，这是再好不过的机会；
我要利用这个机会。不错，三叉壁蜂，不
管是雄的还是雌的，都知道返回窝里。我

三叉壁蜂

快捷做了一些短距离的实验，实验结果和其他实验完全相符，因而
我完全信服了。总之，以前的和现在的实验都证实，有四种昆虫能
够返回窝，它们是棚檐石蜂、高墙石蜂、三叉壁蜂和节腹泥蜂。我
能否可以推而广之，毫无保留地认为昆虫具有从陌生地方返回故居
的能力呢？我不想这么说，据我所知，有一种相反的实验结果，非
常能够说明问题。

在我的荒石园实验室里丰富的实验品中，我首选著名的红蚂
蚁。这种红蚂蚁就像捕捉奴隶的亚马孙人[①]，不善于哺育儿女，不会
寻找食物，即使食物就在身边也不知道去拿，必须有佣人侍候她们
吃饭，为她们料理家务。红蚂蚁会去偷别人的小孩来侍候自己的家
族。它们抢劫不同种类的蚂蚁邻居，把别人的蛹运到自己窝里；不
久后，蛹蜕皮了，羽化出来的异族蚂蚁便成为家中勤劳的佣人。

当炎热的六七月来到时，下午，我经常看到这些亚马孙人从
兵营里出来进行远征。蚁队有五六米长，如果路上没有什么值得

---

① 亚马孙人，传说中古代居住于高加索或小亚细亚或斯基台的母系氏族，靠抢掠为
生。——译注

注意，它们一直保持着队形；然而，一旦发现有蚂蚁窝的迹象，领头的前排蚂蚁便停下来，乱哄哄地散开，在原地团团转；其他蚂蚁大步赶上，聚集得越来越多。一些侦察兵出去打探情况，证实弄错了，队伍又前进。这伙强盗穿过园中小径，消失在草丛里，再在稍远地方出现，然后钻进枯叶堆，又大摇大摆地出来，一直在盲目地寻找。

终于找到了一个黑蚂蚁的窝，红蚂蚁急冲冲地钻入黑蚂蚁蛹的宿舍，然后很快带着战利品上来。这时在地下城市的门口，黑蚂蚁保卫它们的财产，红蚂蚁拼死抢夺，彼此混战，惊心触目。双方力量悬殊，结果毫无疑问，胜利属于红蚂蚁。它们全都带着掠夺物，用大颚咬住一只襁褓中的蛹，急忙打道回府。对于不了解奴隶制习俗的读者来说，这种亚马孙人的故事可能相当有趣；很遗憾，我不想再谈下去，因为这故事跟昆虫回窝的主题偏离太远。

抢劫蚁蛹的这伙强盗，远征的路途远近，取决于附近有没有黑蚂蚁，有时只要走十几步路，有时要走五十步、一百步甚至更远，但我只看到过一次红蚂蚁远征到荒石园之外。这些亚马孙人攀越荒石园四米高的围墙，一直走到远处的麦田里。要走什么路，对于这支前进的纵队来说，是无所谓的。不毛的土地，浓密的草坪，枯叶堆，乱石堆，砌石建筑，草丛，它们都可以穿过。对于道路的性质，它们并没有什么特殊的偏好。

可是，回来的路却是确定不变的，必须走去时所走的那条路，不管原来那条路多么曲折，要经过什么障碍，乃至于最难走的险阻。由于捕猎的偶然性，红蚂蚁往往要走十分复杂的路线；如今它们带着战利品从原路回窝来了。原先它们走过哪些地方，现在还从那里走，对于它们来说，这是绝对必须的，即使要加倍辛劳，危险万分，它们也不会改变这条路线。

假设它们穿过的是厚厚的枯叶堆，这条路对于它们来说，简直是布满深渊，随时都会失足掉下去；而要从谷底爬上来，爬到摇摇晃晃的枯枝桥上，最后走出小路的迷宫，许多红蚂蚁都会累得精疲力竭。可是这有什么关系，回来时，虽然负重增加，它们肯定还要穿过这迷宫的。如果要想减轻疲劳，它们该怎么办？它们只需稍微偏离原路，旁边有一条好路，十分平坦，离原路几乎不到一步，可是它们根本没有看到这条仅仅偏离一点的路。

有一天我发现它们出去抢劫，在池塘护栏内侧排着长队前进。我在前一天把池塘里的两栖动物换上了金鱼。北风劲吹，从侧面向蚁队猛刮，把整整几行士兵都刮到水里去了。金鱼急忙游来，张开深如巷道的大嘴把落水者吞了下去。雄关险阻，道路艰难，蚁队还没有越过天堑就死了许多。我心想，它们回来时一定要走另一条路，绕过致命的悬崖。事情可不是这样，衔着蚁蛹的队伍仍然走这条危险的路，金鱼得到了双份从天上掉下来的吗哪[①]：蚂蚁和它的猎物。蚁队不愿换一条路线，而宁愿再一次被大量消灭。

这些亚马孙人去时走哪条路，回来时也非要走哪条路不可。它们这样做肯定是因为远途长征，左兜右转，很少走同样的路，所以很难找到家的缘故。红蚂蚁如果不想迷路，根本不可能随便挑一条路走，它必须走刚刚走过的那条老路回家去。爬行毛虫从窝里出来，爬到另一根树枝上，去寻找更合口味的树叶时，在走过的路上织了丝线，毛虫正是顺着这条拉在路上的丝线才返回窝的。一条丝线把它们带回家，这就是在远足时会有迷路危险的昆虫所能够使用

---

① 吗哪：犹太教《圣经》里记载，以色列人离开埃及前往迦南的40年旅途中，蒙上帝行圣迹赐下的天粮，被称为吗哪。——译注

的原始办法。比起爬行毛虫和它们幼稚的路来，我们对于靠特殊感官定向的石蜂等昆虫的了解，就差得更远了。

红蚂蚁这种亚马孙人虽然也属于膜翅目昆虫，可它们回家的办法却很有限，它们必须从原路回家便是证明。它们是不是在某种程度上模仿爬行毛虫呢？当然，它们在路上不会留下指路的丝，因为它们身上没有这样的劳动工具；那么，它们会不会在路上散发某种气味，比方说，某种甲酸味，从而可以通过嗅觉来给自己指路呢？人们往往同意这种看法。

据说蚂蚁是由嗅觉来认路的，这嗅觉似乎就存在于动个不停的触角上。我对此并不十分急于表示赞同。首先，我不相信嗅觉会在触角上，理由前面已经说过；另外，我希望通过实验来证明，红蚂蚁并不是靠嗅觉来指引方向的。

花上整整几个下午侦察我的亚马孙人出窝，而且往往劳而无功，在我看来，太浪费时间。我找了个助手，我的小孙女露丝，她不像我那么忙，这个调皮鬼对蚂蚁的事很感兴趣，她看见过黑蚂蚁和红蚂蚁的大战，对于抢劫襁褓中的小孩一事，一直在默默沉思。露丝的脑子里装满了崇高的职责，对于自己小小年纪就为科学这位贵夫人效劳十分自豪。天气好的时候，她跑遍荒石园，监视红蚂蚁，仔细辨认它们直走到被劫蚁窝的路。她的热情已经经受过考验，我可以放心。一天，我正在写每天的笔记，实验室门口响起了砰砰的敲门声：

"是我，露丝。快来呀，红蚂蚁进了黑蚂蚁的家。快来呀！"

"你看清楚它们走的路吗？"

"是的，我做了记号。"

"怎么？做了记号。怎么做的？"

"像小拇指①那样，我把白色的小石子撒在路上。"

我跑过去，事情就像我那6岁的合作者刚才说的那样。露丝事先准备了小石子，看到蚁队从兵营里出来，便一步步紧跟在后面，在蚂蚁走过的路上隔一段距离，就撒下一点石子。亚马孙人抢劫结束了，现在正沿着小石子标出来的那条路线往回走。回窝的距离有100来米，我有充裕的时间进行事先策划好的实验。

我拿起一把大扫帚，把蚂蚁的路线全都扫干净，扫的宽度有1米左右，把路面的粉状材料全都扫掉，换上别的材料。如果原先的材料有什么味道，现在已经换掉，我会让蚂蚁晕头转向的。我把这条路的出口分割成彼此相距几步路的四个部分。

现在蚁队来到了第一个切口。蚂蚁显然十分犹豫，有的往后退，然后回来，再后退；有的在切口正面徘徊不前；有的从侧面散开，好像要绕过这个陌生的地方。蚁队的先头部队先是聚集在一起，结成有几分米长的蚁团，接着散开来，宽度有三四米。但后续部队不断涌来在障碍前越聚越多，彼此堆在一起，乱哄哄的，不知所措。最后，有几只蚂蚁冒险走上扫过的那条路，其他的也紧随其后；同时，少数蚂蚁则绕个弯，也走上了原先那条路。在其他切口，蚂蚁也同样犹豫不决，不过它们终于或直接或间接地都走到了原路上。尽管我设置了圈套，蚂蚁还是从小石子标的路线回到了窝里。

实验似乎说明，嗅觉在发挥作用。凡是在道路切割开的地方，蚂蚁都表现出同样的犹豫。一些蚂蚁仍然从原路回来，可能是扫帚扫得不彻底，一些有味的粉末仍然留在原地的缘故。一些蚂蚁绕过

---

① 小拇指：法国诗人、童话作家佩罗（1628—1703）的童话《小拇指》中的主人公。——译注

扫干净的地方走，可能是受到扫到一旁的残屑的指引。因此，在表示赞成或者反对嗅觉的作用之前，必须在更好的条件下再进行实验，必须去掉一切有味的材料。

几天后，我认真地制定了计划。露丝又进行观察，很快就向我报告蚂蚁出洞了。这是我早就料到的，因为亚马孙人在六月闷热的下午，特别在暴风雨即将来临时，很少不出发远征的。石子还是撒在蚂蚁走过的路上，撒在我选定的地方，有利于实现我的计划。我把一条在荒石园里浇水用的布管子，接在池塘的一个接水口上，打开阀门，蚂蚁的路被汹涌的急流冲断，水流有一大步那么宽，长得没有尽头。用大量的水冲洗将近一刻钟后，当蚂蚁抢劫归来，走近这里时，我放慢水的流速，减小水层的厚度，以免蚂蚁过分费力。如果亚马孙人绝对必须走原路，这就是它们要越过的障碍。

蚂蚁犹豫了很长时间，走在队伍后面的完全有时间跟排头兵聚集在一起。可是，它们踩着露出水面的卵石走进了急流；然后，脚下的基础没有了，流水把那些勇士卷走了，它们没有丢掉战利品，随波逐流，搁浅在水中小洲，然后又被冲到河岸边，重新开始寻找可以涉水渡过的地方。地上有几根麦秸被水冲散开来，这就是蚂蚁要走上的摇摇晃晃的桥；一些橄榄树的枯叶则是木筏，载运负载辎重的乘客。勇士们部分靠自己跋涉，部分凭借好运气，没有用过河工具而上了对岸。我看到有的被水流带到离此岸或者彼岸两三步远的地方，仿佛非常着急究竟要怎么办才好。在溃不成军的一片混乱中，在遭到没顶之灾的危险中，没有一只蚂蚁丢掉战利品，它们宁死也要守住战利品。总之，它们凑合着渡过了急流，而且是沿着原来的路线渡过的。

急流在这之前不久把地洗干净了，而且在渡河过程中一直有水流过去，我觉得经过这场急流的实验，路上的气味问题可以排除在外。如果路上有丁酸味道，我们的嗅觉感觉不出，但至少被急流冲刷后嗅不出来。现在我用另一种强烈得多，而且我们可以嗅出来的气味做实验，看看会有什么情况发生。

我在第三个出口警戒，在蚂蚁即将返来的路上，用薄荷叶把地面擦了擦，这薄荷是我刚刚从花坛里采来的。在路的稍远处，我用薄荷叶盖上。蚂蚁回来时穿过这些地方，对于擦过薄荷的区域，并没有显露担心的样子；只在盖着叶子的区域犹豫了一下，然后就走过去了。

经过急流洗涤路面和薄荷改变气味的实验之后，我认为再也不可以提出是嗅觉指引蚂蚁沿着出发时走的路回窝，而且其他一些测试会彻底让我们明白。

现在，不改变地面的状况，只是用几张大大的报纸横摊在路中央，压上几块小石头。这个地毯彻底改变了道路的外貌，却丝毫没有去掉可能存在的气味，可是蚂蚁在地毯前，比面对我的其他诡计，甚至面对激流，都更加犹豫。它们试了多次，从各方面侦察，一再尝试前进和后退，最后才冒险走进这个不认识的区域。它们终于穿过了铺着这块纸的地区，队伍又恢复行进。

再稍远处，等待亚马孙人的是另一个圈套。我用一层薄薄的黄沙把路切断，这块地原来是浅灰色的。仅仅颜色的改变，就使蚂蚁不知所措，它们就像在纸区面前一样犹豫，不过时间并不长，最后这个障碍也一样被越过了。

我的沙带和纸带并没有使路线上的气味消失，既然蚂蚁在沙带和纸带前都同样犹豫不决，同样止步不前，显然并不是嗅觉而是视觉，使它们能够找到回家的路。不管我用什么办法来改变路的外貌，用扫把扫地，水流冲地，薄荷叶盖住地面，纸的地毯把地遮住，用不同颜色的沙截断道路，回家的队伍总是停下来，迟疑不决，企图了解究竟发生了什么变化。是的，是视觉，不过非常近视，只要移动几个卵石就可以改变它们的视野。由于视力狭隘，一条纸带，一层薄荷叶，一层沙，挥动一下扫把，甚至更微小的改动，就会使得景色全非，于是想尽快带着战利品回家的这支连队，焦虑不安地在不认识的区域前面停下来。它们之所以终于通过了这些可疑的区域，那是因为在反复尝试穿过这些障碍时，有几只蚂蚁终于认出前面有些地方是它们熟悉的；而其他的蚂蚁相信这些视力好的蚂蚁，便跟随它们走过去。

如果这些亚马孙人不是同时具有对地点的精确记忆，那么光靠视力是不够的。一只蚂蚁的记忆力！究竟这记忆力会是什么样的呢？它跟我们的记忆力有什么相似呢？对于这些问题，我无法回答；但是我只要用几句话就可以说明，昆虫对于它到过一次的地方，会记得非常准确而且记得很牢。我曾多次目睹，被抢劫的黑蚂蚁向这些亚马孙人提供的战利品太多，这支远征军搬不了，于是有时在第二天，有时在两三天后，它们进行第二次远征。这一次，队伍不再沿途搜寻，而是直接奔向有许多蛹的蚂蚁窝，而且就走曾经走过的同一条路。我曾经沿着亚马孙人两天前走过的那条路用小石子来设置路标，我惊奇地看到这些远征的亚马孙人就走同一条路，走过一个石子又一个石子。我对自己说，根据石子路标，它们要从这里走，要从那里过；果然它们沿着我的石桥墩，从这里走，从那里过，没有出现大的偏差。

已经过了好几天，难道能够认为散布在路途上的气味还一直存在吗？谁都不敢这么说，所以指引这些亚马孙人的是视觉。除了视觉外，还加上对地点的记忆力。这种记忆力很持久，能够把印象保留到第二天，甚至更久；这种记忆力是极其忠实的，它指引队伍穿过各式各样高低不平的地面，沿着前一天走过的路行进。

如果不认得地方，亚马孙人怎么办呢？除了对地形的记忆外蚂蚁有没有石蜂那种在小范围内的指向能力呢？它能不能返回它的窝或者跟正在行进的部队会合呢？

这支强盗军团并没有搜寻遍整个荒石园，它们特别喜欢探测的是北边，无疑那里抢劫的收获最丰富。所以这些亚马孙人通常是把队伍带到兵营的北边去；在南边，我很少看到它们。因此，它们对荒石园的南边即使并非完全不认得，至少不那么熟悉。现在，我们去看看在陌生地方，蚂蚁是怎么行动的。

我站在蚂蚁窝的附近，当部队捕猎奴隶归来时，我把一片枯叶放在一只蚂蚁跟前，让它爬上叶子。我没有去碰它，只是把它运到离连队两三步远的地方，不过是在南边。这足以使它离开熟悉的环境，使它彻底晕头转向。我看到这个亚马孙人被放到地上后，随意闲逛，当然，大颚总是衔着战利品；我看到它匆匆忙忙地跟同伴们离得越来越远，可它还以为是去跟它们会合呢；我看到它往回走，又走远去，东走走，西试试，朝许多方向摸索，可就是无法走对路。这个坚牙利齿的黑奴贩子，就在离队伍两步路远的地方迷失了方向。我还记得有几只这样的迷路者，找了半个小时还不能走上正道而是越离越远，可大颚始终咬着蛹。它们会怎样？它们要拿战利品来做什么？我可没耐心对这些愚蠢的强盗跟到底。

红蚂蚁肯定没有其他膜翅目昆虫所拥有的指向感官，它只是能够记住到过的地方，再没有别的能力，只要偏离两三步就足以使它迷路，无法跟家人团聚；石蜂却不会因为要穿过几公里陌生的天空而被难倒。这种奇妙的感官只是几种动物所特有，而人却没有，我曾经对此感到惊讶。两个比较项差别这么大，不免会引起争论。现在，这种差别不存在了，进行比较的是两种非常接近的昆虫，两种膜翅目昆虫。如果它们是从一个模子里出来的，为什么一种膜翅目昆虫有某种官能，而另一种却没有呢？多一个感觉能力，比起器官上的某个小问题来，可是非常主要的特点啊！我等待进化论者给我说出一个站得住脚的理由来。

　　我前面已经看到，这种对地点的记忆力保持的时间很长，而且记得很牢，那么这种记忆力究竟好到什么程度，能够把印象铭刻在心呢？亚马孙人需要多次走过或者只要一次远征，便能够知道那地方的地理状况呢？走过的路线和参观过的地方，是不是一下子就刻在记忆中呢？我无法用红蚂蚁进行可能给出答案的测试，无法确定远征军走的这条路是否是第一次走的；也无法让这个军团走哪一条路。当亚马孙人出门去抢劫蚂蚁窝的时候，它们随心所欲地往前走，它们要朝哪里走，我无法干预。那么我们来看看别的膜翅目昆虫又是怎么样行事的吧。

　　我选择的是蛛蜂，蛛蜂的习性将在另一章详细介绍。它们捕猎蜘蛛，先捉住猎物把它麻醉，给未来的幼虫作食粮，然后才去为幼虫挖掘小窝。蛛蜂如果带着沉重的猎物去寻找宜于筑窝的地方，那是极其累赘的，所以便把蜘蛛放在草丛或者灌木丛上，防备不劳而获的家伙，尤其是蚂蚁搞破坏，它们可能在合法的占有者不在时，把这宝贵的猎物毁坏了。

普通蛛蜂

把战利品放在高处后，蛛蜂便去寻找适合挖地穴的地方。在挖掘期间，它不时去看看它的蜘蛛；轻轻地咬咬拍拍它的猎物，仿佛是庆幸自己得到了丰盛的食物；然后它回到地穴去，再朝前挖。如果有什么事令它不安，它就不只是去看看，而是把蜘蛛放到离工地近些的地方，不过总是放在草丛上面。它就是这么做的，我可以插手，以了解蛛蜂的记忆力可以达到什么样的程度。

当蛛蜂在地穴里干活时，我把它的猎物拿走，放在半米远的空旷处。不久，蛛蜂离开地洞去看看它的猎物，它径直朝存放处奔去。它走的方向这么有把握，它对于那地方记得那么牢，可能是由于它以前一再访问过那地方。我不知道以前究竟是什么情况，那么，第一次远征不算吧，再来几次可能就更有说服力。眼下，蛛蜂毫不困难地就找到了存放猎物的草丛，它在草丛上走来走去，仔细探索，多次回到存放蜘蛛的地方。最后它相信猎物已经不在那里，便用触角拍打地面，慢慢地在四周搜寻。突然，它望见蜘蛛就在那空旷的地方，十分惊奇；它朝前走，然后猛地一惊，往后一退。它是活的吗？它是死的吗？这真是我的猎物吗？它似乎在这样寻思，才不是呢！

犹豫的时间不长，猎手咬住蜘蛛，倒退着拉它，把它再一次放在离原存放处两三步远的草丛上，总是放在高处。接着它又回到地穴去，在那儿挖了一段时间。我再一次移动蜘蛛的位置，把它放在略微离得远些的光秃秃的地上。这种情况很适合评价蛛蜂的记忆力。已经有两个草丛作为猎物的临时存放处，第一个草丛，蛛蜂十分准确地回到那里，可能是因为这地方它来过多次，有比较深入的研究，只是并没有让我见到。但对于第二个草丛，它在记忆中肯定只有肤浅的印象，它并没有经过考虑便选定的；它在那里停留的时间只够把蜘蛛挂在草丛上。这地方它是第一次看到，而且是路过时匆匆忙忙看到的。迅速地瞥一眼，它会准确地记住吗？另外，在蛛蜂的记忆力中，两个地方可能会搞乱，第一个草丛会跟第二个搅混。蛛蜂会到哪儿去呢？

我们很快就会知道的。它现在离开地穴再一次去查看蜘蛛，径直朝第二个草丛跑去，它在那里找了很久，找不到它的猎物。它清楚地知道猎物最后是放在那里的，它坚持在那里寻找，一次也没打算回到第一个存放处去。对于它来说，第一个草丛已经不重要，它在意的只是第二个草丛。然后，它又开始在四周寻找。

它在那块光秃秃的地方找到了它的猎物，是我把猎物放在那里的。蛛蜂迅速把蜘蛛放在第三个草丛上，我又开始进行第三次测试。这一次，蛛蜂毫不犹豫地朝第三个草丛奔去，丝毫没有跟前面两个地方混淆，对于前面两处，它根本不屑一顾，因为它的记忆力十分可靠。我又继续进行了两次实验，蛛蜂总是回到最后一次存放处，而不理其他的地方。这个小家伙的记忆力真令我赞叹不已。一个跟别处没有任何不同的地方，它只要匆匆忙忙看到一次，就能够清清楚楚地回忆起来，且不说它还要操心矿工工作，积极地在地下干活呢。我们的记忆力能够始终都有它这么好吗？这很值得怀疑。如果我们认为红蚂蚁也有同样的记忆力，那么，它长途旅行，它从同一条路返回窝里，就没有什么不可解释的。

这样的测试还提供了其他一些有价值的成果。前面说过，当蛛蜂经过坚持不懈的探索，相信蜘蛛已经不在原先那个草丛上时，它便在四周寻找，很顺利地就找到了，那是因为我特意把猎物放在空旷的地方。现在给它增加一点难度，我用手指头在土里按了一个印，把蜘蛛放在这小小的凹窝里，再用一片薄薄的叶子把它盖好。这只寻找失物的蛛蜂居然穿过这片叶子，它从那里走过去，又走过来，可就没有怀疑蜘蛛就在下面，它走到远处继续劳而无功的寻找，可见指引它的不是嗅觉而是视觉。在这期间，它的触角一直在不断地拍打着土地，那么这器官可能起什么作用呢？我不知道，我只能断定它不是嗅觉器官。通过砂泥蜂寻找黄地老虎幼虫，我已经得出了同样的断言；如今我的证据已经过实验验证，绝对真实可信。我还要补充指出，蛛蜂的视力很差，它经常从离它的蜘蛛两寸远处经过却没有发现那只蜘蛛。

第十章 浅谈昆虫的心理学

"颂扬过去的人"①是没有理由的，世界在前进。是的，不过有时却倒退着走。在我年轻的时候，人们在四分钱的书里教导我们，人是有理性的动物；今天，人们在学术著作中向我们论证，人的理智只不过是一架梯子上的一个梯阶，梯子的底部则架在最低级的动物性上面。有的理智最高的，有的理智最低的，中间还有各个层级，但是在任何地方都没有突然的断裂。理智在细胞的蛋白质中是从零开始，然后不断提高到像牛顿这样杰出的脑袋。我们如此自豪的卓绝官能是动物特有的财富，不管什么，小至有生命的原子，大到像丑人的类人猿，都有理性。

我总认为，这种平均主义的理论是把没有的事说得像那么一回事；在我看来，这就好像是为了开辟平原而把山峰——人齐地削平，再把山谷——动物填高一样。对于这种把万物拉平的说法，我希望能有一些证据；由于在书里找不到证据，或者只找到靠不住的、很有争议的证据，我为了取得物证，便亲自进行观察，我去寻找，我进行实验。

为了说话有把握，所说的必须不超出自己清楚了解的范围，40年来我一直坚持同昆虫打交道，开始对昆虫有粗略的了解。我去询问昆虫，不是随便什么昆虫，而是天赋最好的膜翅目昆虫。我让反驳我的人去问大部分昆虫好了，最有才能的动物在哪里？似乎自然

---

① 拉丁诗人贺拉斯《诗学》（173）中一句诗的结尾，该诗谈到某些老人常有的毛病：今不如昔。——译注

在创造动物的时候，乐于使最小的拥有最多的技艺。鸟这个最好的建筑师，它的作品能够比得上石蜂的建筑物吗？蜂窝是多么高超的几何学杰作啊，就是人类也会把它视为竞争者的。我们建造城市，这种膜翅目昆虫也建造小城；我们有仆人，它也有仆人；我们喂养家畜，它也饲养制糖动物；我们圈养牲畜，它圈养它的蚜虫奶牛[①]；我们放弃了蓄奴，可它却继续贩卖黑人。

　　这种优秀的昆虫，得天独厚，它会思考吗？读者，请别笑，这是很严肃的、值得我们深思的问题。留意动物的行为，就是对我们冥思苦想的事进行提问。我们是什么？我们从哪儿来的？膜翅目昆虫小小的脑袋究竟是怎么回事？它的脑袋里有跟我们相似的能力吗？它有思想吗？如果我们能够解决这个问题，多么有意思啊。如果我们能够把它写出来，它将是心理学多么重要的章节啊！可是，我们刚进行研究，就会出现难以理解的奥秘，这是肯定无疑的。我们既然连自己都无法了解，要想探索别人的智慧，能办得到吗？假如能够寻到一星半点的真理，我就心满意足了。

　　理智是什么？哲学给出了一些学术性的定义。我们还是谦虚些，谈谈最简单的好了，只谈谈动物。理智是把因果相联系，使行为符合偶然性，从而指导行为的能力。在这种限定的范围内，动物能够思考吗，会把"为什么"跟"因为"联系起来，从而决定自己的行为吗？面对一个事故，它会改变自己的行为准则吗？

　　在这个问题上，历史并没有什么资料可以指导我们，而散见于文献中的资料，却很少能够经得起严格的检查。我所了解的一份最

---

① 见卷八第十三章。——校注

值得注意的资料，是由伊拉斯漠·达尔文①在《动物志》中提供的。他谈的是只胡蜂，它刚刚捉住并杀死一只大苍蝇。天上刮着风，由于猎物太大，猎手飞起来很吃力，便停在地上切断猎物的肚子、头，然后切下翅膀；它只带着胸部飞走，这样风的阻力就没有那么大。如果只凭这样的素材，我完全相信这里的确有理智的痕迹。胡蜂似乎抓住了因果关系：果，就是飞行时受到的阻力；因，就是猎物与空气接触的面积。结论是非常富于逻辑的：必须减少面积，去掉肚子、头，尤其是翅膀，这样阻力就会小了②。

但是这种连贯的思想，尽管它很简单，真的是昆虫的智力所产生的吗？我深信事情不是这样的，我的证据是无可反驳的。在第一卷中，我曾通过实验论证了伊拉斯漠·达尔文的胡蜂只是服从于它所惯有的智力，把猎物切成碎块，只留下最有营养的胸部。不管是风和日丽还是狂风呼啸，不管是在厚墙重瓦的隐庐里还是在露天场所，我都看到它对干瘪的和美味的猎物进行筛选，把足、翅膀、头、腹部扔掉，只留下胸部做成肉酱给幼虫吃。那么，当刮风时，

① 伊拉斯漠·达尔文（1731—1802），英国医师及诗人，其孙即提出进化论的查理·达尔文。——校注

② 如果有可能，我很想划掉我在《昆虫记》第一卷中有点刺眼的几行字，但是"字留白纸上"※，我只能在这个注解里修正我所犯的错误。由于我信赖拉科代尔在《昆虫学导论》中所叙述的达尔文的观察，我相信故事的主人公是一只飞蝗泥蜂。我眼前没有别的书，我能有别的办法吗？我能怀疑一个德高望重的昆虫学会搞错，把胡蜂当作飞蝗泥蜂吗？对于这些资料，我十分惶惑。飞蝗泥蜂捉住苍蝇，这是不可能的，而我把这归咎于博物学家。这位英国学者究竟看到的是什么啊！根据逻辑，我断定是只胡蜂，而我所见到的是十分正确的。事实上，达尔文后来告诉我，他的祖父在《昆虫志》中曾经说"一只胡蜂"。虽然这个修正证明了我的洞察力，可我仍不免痛苦，因为我曾经对观察者的英明表示怀疑，这种怀疑是不正确的，是翻译者对原文的不忠实导致我产生了这样的怀疑。但愿这个注解把我因轻信而作出的断言置于适当的地位。我大胆地跟我认为是错误的看法作斗争，但是上帝绝不会让我跟支持这些看法的人作斗争的。——原注

※这句话出自著名的拉丁谚语"话出随风散，字留白纸上"，意为不要留下授人以柄的证据；相反，此谚言又有"空口无凭，立字为据"的意思。——译注

这种看来是出于理性的切割行为，究竟能够说明什么呢？什么也不能说明，因为它在风和日丽的天气也会这样切割。达尔文过于匆忙作出了结论，这结论是他脑子里的产物而不是事情的逻辑结果。如果他事先了解胡蜂的习惯，那他就不会把一个与动物理智这个大问题毫无关系的事实，作为严肃的论据。

　　我又谈到这个例子是为了指出，一个人如果只局限于偶然观察到的事实，即使观察十分细心，他也会遇到多么大的困难。我们不应该指望一次偶然的幸运，因为那也许是唯一的例子；而应当反复观察，把观察的结果相互核对，必须对事实进行质疑，寻究后续的事实，打乱事实间的连贯性；这时，只是在这时，才可以提出，而且还是十分有保留地提出某些可信的看法。我找不到在这样的条件下搜集到的资料；所以，尽管我十分想，却不可能用别人提出的证据，来支持我亲自查看到的微不足道的事实。

　　我的石蜂，它们的窝就挂在门廊的墙壁上，比其他所有的膜翅目昆虫都更适合做系统的实验。它们就在那里，在我家里，整天时时刻刻都在我眼前，我愿意观察多久就多久。我可以随时密切注视它们的一切行动，不管测试延续多长时间都可以进行到底；而且它们数目众多，我可以多次实验，直至取得无懈可击的物证。因此石蜂还将向我提供这一章的材料。

　　在开始前，我先就这个工程说几句话。棚檐石蜂先是使用土块做的旧过道，并宽厚地把一部分过道让给两种壁蜂，它们的免费房客三叉壁蜂和拉氏壁蜂。这些旧过道省却了壁蜂的麻烦，很受欢迎。可是里面空间不够宽敞，因为壁蜂比石蜂早熟，很快就会成为大部分蜂窝的主人，所以不久石蜂就要建造新蜂房，蜂房就砌在土块的表面上，逐年加厚。蜂房不是一次建成的，石蜂交替涂上灰浆和储存蜂蜜。蜂窝最先像个小燕窝，像半个小碗，叠在旧蜂房的墙壁上，我们不妨把它设想为一个分成两半焊接在巢脾表面上的橡栗壳。

小碗做好了，可以开始把蜜送来了。石蜂于是停运灰浆，忙着采蜜。送了几趟粮食后，石蜂又开始砌造新层把小碗的边加高，然后它又变换工种，由泥瓦匠变成采蜜员。过了一会儿，采蜜员又变成泥瓦匠，它多次轮换工种，直至蜂房足够高，储存的蜜足够幼虫食用。在干旱的小路上采集水泥、把水泥搅拌好，到花丛中让蜜囊装满蜂蜜、让肚子沾满花粉，建造每个蜂房，石蜂都要在这样的路途上多次返往。

产卵的时候终于到了。我看到石蜂带着一团灰浆飞来。它看了蜂房一眼，检查一下一切是否就绪；它把肚子伸进蜂房产下了卵后，立即用泥灰团将洞口封闭。材料准备得那么齐全，洞口一下子就封住了，现在只需要用新的灰浆来加厚加固封盖，这个工作并不急，它过一会儿才会去做。看来最急迫的就是在神圣的产卵之后立即把蜂房封闭，以免当母亲不在时有人不怀好意地来造访。石蜂肯定有严重的理由才这么匆忙地把门封住的。如果它在产卵后才去水泥场寻找封门的材料而让房门敞开会发生什么呢？也许会有盗贼用自己的卵来代替石蜂的卵。我们下面会看到关于这样的盗贼可不是无根据的猜想。所以，如果嘴里不衔着立即造洞盖的泥灰团，泥瓦匠是不会去产卵的，卵宝宝一刻也不能暴露在贪婪的偷庄稼贼面前。

我还要补充说明，以便理解下面的事情。只要是在正常的情况下，昆虫的行为总是十分合理地计算好了的，以便达到某种目的。比如说，捕食性膜翅目昆虫为了向幼虫提供保鲜的猎物，并让幼虫十分安全地享用，而将猎物麻醉起来，还有比这更合乎逻辑的吗？这办法十分合理，我们再也找不到比它更妙的了；可是昆虫这样做并不是出于理智。如果它能够对它的外科手术说出道理来，那它就会是我们的老师。谁都不会认为动物对于它们巧妙的活体解剖会有了解，哪怕一星半点。因此，昆虫只要不超出既定范围就可以做出最明智的行为，可我们却不能认为其中有丝毫理智的成分。

在异常的情况下会怎样呢？如果我们不想产生严重的误会，那就要把两种情况明确分开来。第一种情况是，事故发生在昆虫目前正在进行的工作过程中。在这种条件下，昆虫就会对事故加以补救，以类似的形式把它原先进行的工作继续下去；总之，它仍然处于它当前的心理状态。第二种情况是，事故与前面的工作有关，与昆虫在正常条件下不再从事的工作有关。为了弥补这样的事故，昆虫必须回到它原先的心理状态，它必须重新做它刚才做过的事然后才去做别的事。昆虫能够这样做吗？它会把当前的事放下来而返回到过去吗？它会想到再去做一件比它现在做的更紧迫得多的工作吗？如果能够这样，那才是有一点理智的证据呢。这一切必须依靠实验来验证的。

下面是属于第一种情况的几件事。

一只石蜂刚刚砌好蜂房盖子的第一层，出去寻找另一团灰浆来加固盖子了。我趁它不在，用一根针穿过盖子，戳了一个有洞口一半大的缺口。石蜂回来了，把这个缺口完全补好了。它原先就是要砌造盖子的，它修补这个盖子也就是继续它的工作。

第二种情况是蜂房刚砌了几层，还只是一个不深的小碗，里面没有粮食。我在碗底戳了一个大洞，昆虫急忙把窟窿堵好。它正在造屋，它稍微转个身子干几下接着就继续工作了。修补是与它眼下的工作相联系的。

第三只石蜂已经产了卵并封好了蜂房。当它再去找泥灰团来把门牢牢地封死时，我就在紧靠着盖子的地方挖了一个大大的缺口，缺口开得很高，蜜不会流出来。石蜂带着灰浆来了，灰浆不是用来封盖的，可它看到罐子有缺口，就把缺口补得好好的。这真是了不起的行为，我很少见到昆虫有这么强的识别力。不过如果全面考虑，我们可不要滥加赞扬。石蜂正在封门，它回来时看到一条裂缝，认为是接缝接得不好，而它原先没有注意到；于是它把缝接好。这只是完善它目前的工作。

这三个例子是我从大量多少有些相似的事例中提取出来的，从这三个例子可以得出这样的结论：昆虫会应付偶然的事件，只要这事件不超出这个母亲正在进行的工作范围。我们能够断言这是理智吗？怎么能呢？昆虫一直保持着同样的心理状态，它继续它的行为，它做它已经开了头的事，对手头这项工作中做得不够好的地方加以修改完善。

如果我们认为昆虫修好缺口是出于理智，那么下面的事实就会彻底改变我们的评价。第一种情形：蜜的主人正在采集食物。蜂房跟第二个实验一样，小碗不深但已经存放了蜜。我在碗底戳了洞，蜜从洞口淌下流掉了。另一种情形，蜜的主人正在砌造蜂房。蜂房已经基本造好，里面的粮食已经存放了许多；我同样在底部戳洞让蜜逐渐流下来。

根据前面说的，读者也许会认为石蜂会立即进行修补，非常紧急地修补，因为事关幼虫的性命。然而，你可千万别这么想。石蜂多次往返奔波，一时是运蜜，一时是运灰浆，没有一只石蜂去管那个灾难性的缺口。采蜜的继续采蜜，造新楼层的继续建造下一个楼层，仿佛什么奇怪的事都没有发生似的。最后，当戳了洞的蜂房已经盖得相当高并存放了足够的食物，石蜂就把卵产下来，关上蜂房门，然后就去造新的蜂房，并没有对蜜的泄漏采取补救措施。两三天后，这些蜂房里的蜜全都流完了，在巢脾的表面上淌了长长的一道蜜痕。

　　这是由于智力不够石蜂才让蜜流掉的吗？难道不会是因为无能为力的缘故？很可能泥瓦匠准备的灰浆不能凝固被蜜完全糊住的边沿，也许蜜使得水泥无法跟洞黏结在一起；昆虫无能为力，只好听之任之，不去修补漏洞。在作出结论之前，我想先了解事实究竟是怎么回事。我用镊子把一只石蜂的灰浆团拿掉，把它贴在流着蜜的洞口上，我成功了，虽然我不能沾沾自喜，自认可以跟泥瓦匠的技巧媲美；对我笨拙的手来说，这已经很不错了。我用抹刀涂上的灰浆黏在开膛破肚的墙壁上，逐渐变硬，蜜不再流了。如果这是由拥有精密工具的石蜂做的，会是什么样子啊？因此，如果说石蜂不这么做，并不是因为它无能为力，而是因为它不愿意。

　　有人提出反对意见说，蜜流淌是因为蜂房被戳了个洞，为了阻止蜜的流失，就必须把洞堵住。要进行这样连贯的思想，岂不是对石蜂的智力要求太高？这么多的逻辑思维也许超出了它那可怜的小脑袋，而且洞看不见，它被流淌着的蜜盖住了，所以无法知道蜜流淌的原因。要把蜜的流失的原因追溯到容器的缺口，对于昆虫来说，这样的推理太高深了。

　　我在一个没有储粮的蜂房底部戳一个宽三四毫米的洞，过了不久，泥瓦匠就会将洞口堵住，这样的例子我已经见过。洞修补好后，石蜂开始储粮。我在同一个地方又戳了个洞，当石蜂把它第一次带回来的花粉刷到蜂房里时，花粉从洞口漏了下来，流到地上。

这样的事故它肯定看出来了，当石蜂把头伸进碗底看它刚刚储存的蜜怎么样了时，它用触角探入人造的洞，拍打，探测，它一定看到了。

我看到探测者的两根细丝在洞外颤动，石蜂发现了缺口，这是无可怀疑的。它走开了。它这次远征是否像刚才那样，把灰浆带回来修补破罐子呢？

根本不是。它带着粮食回来了，它吐出蜜，刷下花粉，然后搅拌。蜜浆黏糊糊的很稠，可以堵住缺口而不会淌下来。我用一条卷纸把堵住的洞口扒开，洞又露出来，一眼可以望穿。每次石蜂运来的粮食如果堵住了洞口，我都将蜜清扫干净；有时是在石蜂不在时，有时是当着它的面，在它搅拌蜜时打扫洞口。我肆无忌惮地抢劫仓库，蜂房底部的缺口一直敞开，它当然不会看不到。尽管这样，在连续三个钟头里，我都看到石蜂非常积极地干它眼前的活儿，不会给这个达娜依特的酒桶①放上一个塞子。它固执地要把戳了洞的容器装满，尽管粮食刚刚放下就不见了。它一会儿做泥瓦匠，一会儿做采蜜工，添上新层把蜂房的四边加高。它不断送来粮食，可我继续把它弄走，让缺口一直明显地暴露。我眼看着它来了32次，时而是运灰浆，时而是运粮食，可就没有一次想到要堵住碗底的漏洞。

傍晚五点，石蜂停止工作了，第二天又继续。这一次我不再清扫人造小洞，让蜜浆慢慢滴漏。最后石蜂产好卵，封好门，没有采取任何措施修补这个灾难性的缺口。加个塞子是很容易的，一团灰浆就够了；另外当小碗里还什么也没装的时候，为什么它不立即把

---

① 达娜依特系希腊神话中达那俄斯50个女儿的名字，她们被罚用无底的桶装酒。指永远做不完的工作。——译注

我刚刚戳的洞塞住呢？它原先会进行修补，为什么现在不会了呢？这充分说明石蜂不可能稍微退回到以前的行为。在出现第一个缺口时，碗是空的，石蜂正在建造头几层蜂房，我制造的事故与它当时正在做的工作有关；小洞只是建筑中的一个缺点，在新造的楼层中经常出现，因为新层还来不及干硬；泥瓦匠改正这个缺点并没有超出它当前的工作范围。

但是，一旦开始储备粮食，建造小碗的工作已经结束，这时不管出现什么问题，石蜂都不再去操心。采蜜工继续采蜜，虽然花粉从洞口流到地上了。把缺口塞住，需要改变工种，可现在昆虫已无法改变，现在轮到运蜜而不是运灰浆，规则是不能变动的。过一会儿采蜜工作暂停，砌造工程又开始，建筑物需要加高一层，石蜂又成为泥瓦匠，重新掺和水泥，它会去管底部的泄漏吗？才不呢，它现在操心的是建造新楼层，如果这些楼层有什么损坏，它会立刻修补好；但是对于底部的问题，在整个建筑物中是很久以前的事，是过去了很久的事，这位女工不会去修补它，即使那里有严重的危险。

不但如此，目前的楼层和以后的楼层的命运也是如此，只要是正在建造的楼层，就会受到石蜂的严密监督，可是一旦建好，就会被忘掉，听任其坍塌。下面我举一个生动的例子。在一个高度已经足够的蜂房上，我在蜜浆的中央开了一个大大的窗户。石蜂搬运了一会儿灰浆，然后产卵。通过那宽敞的窗户，我看到石蜂把卵产在蜜浆上，然后做盖子，十分细心地把盖子修得好好的，却让那缺口一直敞开。它把盖子上的任何一个小孔都认真地堵住，却让随便什么东西都能进入的大洞大大敞开。它多次回到这个缺口上，把头伸进去检查，用触角探测，咬着缺口的边沿，仅此而已。破的蜂房仍然是破蜂房，它没有再加抹一镘刀的灰浆。被破坏的部分是太久以前的事，石蜂是不会想到要去管它的。

我想这已足以说明，昆虫面对偶然事件在心理上是无能为力的。这种无能为力已经在反复的测试中得到证实，而反复测试是一切完善的实验所必不可少的条件；我的笔记里有许多例子，在此就不赘述。

反复测试还不够，我还必须用不同的方式来测试。现在我从另一个角度来检查昆虫的智力。我把一个异物放到蜂房里面。泥瓦匠石蜂跟其他的膜翅目昆虫一样，是非常爱清洁的主妇，在它的蜜罐里不允许有脏东西，它的果酱上必须一尘不染。可是由于容器是敞开的，宝贵的蜜浆会出意外的。上层蜂房的女工一不小心便会把灰浆掉到下面的蜂房里来；就是房主人自己，在扩大蜜罐时也会把小块水泥掉到食物上；一只小苍蝇被芳香的气味所吸引会被蜜粘住；相邻蜂房中的女主人，由于你碍着我、我绊着你而发生吵闹打架，会把灰尘撒落到蜜浆上。这些脏东西都要消灭掉，而且立即消灭掉，以免以后粗粒掉到幼虫纤弱的嘴里去。因此，石蜂应当知道要把所有异物从蜂房里清除，的确它们很会处理这样的事情。

我在蜂蜜的表面上放了五六根一毫米长的麦秸屑，石蜂回来时看到这些东西很惊讶，在它的仓库里从来也没有堆过这么多的垃圾。石蜂把麦秸屑一根根地衔走直到最后一根，每次都把它扔得远远的。这比清扫一下场地费的劲大了不知道多少倍；我看到它从旁边有十米高的梧桐树上飞过去，把衔着的小不点扔掉，它害怕如果让麦秸屑掉到巢脾下面的地上，就会把这块地方塞满，所以必须把它们运到很远的地方去。

我把石蜂在我眼前产下来的一只卵，放在旁边一个蜂房的蜜浆上。石蜂把卵扒出来扔到远处，就像刚才扔麦秸屑一样。这说明了两个很有意思的事情。首先，石蜂为了卵的未来殚精竭虑，但现在这个宝贵的卵是别人的，因此是没有价值而又累赘讨厌的东西。自己的卵是无价之宝，邻居的卵一钱不值，要把它作为垃圾扔到垃圾场去。石蜂对自己的家庭是那样的热情，而对同族的其他成员则是那样残忍，漠不关心，各人只顾自己。其次，我寻思寄生虫究竟是采取什么手段，让自己的幼虫利用石蜂堆放的粮食，而我对这个问题却无法找到答案。如果寄生虫打算把它们的卵产在敞开的蜂房的蜜浆上，石蜂一定会把这些卵扔掉；如果寄生虫打算在房主产卵后，再把自己的卵产在里面，它们可办不到，因为卵一产下来，房主就把门堵死了。这真是有趣的问题，且留待未来的研究者去解决吧。

最后，我把一根两三分米长的麦秸插入蜜浆，麦秸大大超过了蜂房的长度。石蜂费了极大的劲从边上拉，或者靠着翅膀的帮助从上面拉，终于震动了麦秸，然后它带着粘着蜜的麦秸一下子飞走，越过梧桐树，把它扔到远处。

这时候，事情复杂了。即将产卵时，石蜂带着一团灰浆回来，这灰浆是用来封闭房门的。石蜂前脚支在石井栏上，把肚子伸进蜂房；大颚咬着灰浆。卵产下来后，它退出来转身便去封门。这时，我把它拨开一点，随即把我的麦秸插上去，麦秸大约一分米长。石蜂怎么办？它是那么认真地不让蜂房里有一粒灰尘，它是不是要把这根麦秸拔掉呢？麦秸会妨碍幼虫的生长，会毁了幼虫的。它是能够做到的，我刚才看到它把小栅条拔出来扔到远处。

它办得到可它却不做。它把蜂房封闭起来，制造盖子，把麦秸裹在灰浆里面，然后又跑了好多趟去采集加固盖子的水泥。这个泥瓦匠细心地涂灰浆，可就是根本不管这根麦秸。就这样我接连看到了八个封好的蜂房，蜂房盖上有一根桄杆，一根突出来的麦秸。这是说明它智力愚钝的有力证据啊！

　　我还注意到，在我插入麦秸时，石蜂的大颚上有东西，它衔着用来封门的灰浆团。挖掘的工具没空，所以无法挖掘。我料想石蜂会抛掉灰浆，去拔掉这个碍事的麦秸，多一铲少一铲灰浆，并不是了不起的事。我已经看到为了采集一团灰浆，石蜂在路途上往返要花三四分钟。采花粉的时间更长，达10～15分钟。把灰浆团扔在那里，用腾出空来的大颚来咬麦秸，把麦秸拔掉，然后再去忙水泥的备料，总共也只不过多花五分钟时间而已。可是石蜂却做出了不同的决定，它不愿，它不能抛弃掉灰浆团，它要使用灰浆团，幼虫会因为它不合时宜地放弃灰浆而死掉的；现在是封门的时候，于是它必须把门封起来。大颚空闲下来，如果石蜂再去拔立柱，那么盖子就会掉下来跌碎。石蜂可不想这么做，它继续把水泥运来，认真地把盖子加固。

　　人们也许还会这么想：在扔掉第一团灰浆去拔麦秸后，石蜂不得不去寻找新的灰浆，这样它就要丢下卵不管，这种孤注一掷，母亲是下不了决心的。那么为什么它不把灰浆团放在蜂房的护栏上呢？先空出大颚去拔麦秸，然后再立即拿起灰浆团，不就两全其美了吗？可是石蜂不这么办，不管怎样，它的灰浆都要用在规定的地方。

　　如果某个人在膜翅目昆虫这种智力上，看出了一点理性的萌芽，那他的眼睛真比我敏锐。我在其中只看到，昆虫对于已经开始的行为，顽固地非要继续下去不可。齿轮机械已经啮合，那么其余的齿轮都要跟着动起来。大颚咬着了灰浆团，只要这团灰浆没有用上，昆虫就不会想到，也不愿意把大颚张开的。更荒谬的是，封门工作既然已经开始，就要用新采来的灰浆十分认真地把它完成！它如此精心地加固此后毫无用处的门，而对于会影响幼虫生存的立柱却毫不在意。有人说这是指引昆虫微弱的理性之光，可这微弱之光跟黑暗差不了多少，毫无价值！

　　另一个事实更令人惊讶，它将会彻底说服可能还心存疑惑的人。堆积在蜂房里的蜂蜜，显然是根据未来幼虫的需要而储备的，不多也不少。石蜂怎么知道储存的数量已经够了呢？蜂房的容积几乎都一样大，但是并没有装满蜜，只装了三分之二左右，留下了一个很大的空间；因此，石蜂必须根据蜜浆的高度测量出粮食储存的数量。蜂房里黑黢黢一片，看不出蜜的厚度，如果我想量一量罐里装了多少东西，就得用一个探测器，我测出蜂房的平均厚度为十毫米。石蜂没有这种工具；可它目光敏锐，根据空的部分就可以知道储了多少蜜。那么，这就要求它具有几何学家般精确的眼力，可以看出长度的三分之一。如果昆虫是靠欧几里得①的科学来指引自己，它就实在了不起，这个例子就是最具说服力的证据，说明它具有微弱的理性。一只石蜂有几何学家的眼力，能够把一条线一分为三，的确值得认真研究。

　　五个蜂房已经储备了粮食，不过没有装满，我用镊子夹着棉花球把里面的蜜掏空。石蜂不时运来新的食物，我时不时又把蜜刮掉，有时我把容器挖干，有时我让它留下薄薄的一层。虽然被我抢劫的石蜂曾见到我在把它们的罐子掏空，可我没有看到它们有什么明显的犹豫神情；它们继续干活儿。有时，棉花丝还粘在墙壁上，

---

① 欧几里得：大约生活在公元前三四世纪的希腊数学家，以《几何原本》著名，他从简单公理中推知出当时所有的几何定律。——校注

它们就小心地把它拿掉，然后猛地一飞，像平时那样把它扔到远处。最后，有些早一点，有些晚一点，石蜂们都产好了卵，把蜂房的门封好。

我把五个封好门的蜂房撬开，其中一个，卵产在三毫米厚的蜜上面；有两个，蜜厚一毫米，另外两个，卵就产在完全干巴巴的蜂房壁上，产在只有涂层的壁上，这是我干的好事，我用粘蜜的棉花给墙壁抹了一层清漆。

实验的结果很明显，昆虫并不是根据蜜层的高度来判断蜜的数量的，它并不是像几何学家那样来推理的，它根本不进行什么推理。只是它内心一种秘密的推动力促使它去采蜜，直至把粮食完全储备好，它就这么一直干下去；当这种推动力得到满足时，它就停止存粮，而不管由于偶然的事故，使得它的劳动没有任何价值。没有任何心理的感官能力会在生活的帮助下提醒它，蜜已经存够，或者存得太少。本能的禀性是它唯一的向导，在正常条件下，这个向导是可靠的，可是在采用人为方法进行实验时，它就被弄得晕头转向。如果说，石蜂有那么一星半点的理智之光，让它把卵产在食物堆的三分之一、十分之一高处，那为什么它把卵产在空空如也的蜂房里呢？为什么它这个做母亲的精神错乱到难以想象，听任婴儿没有食物呢？我要介绍的讲完了，请读者做决定吧。

本能的禀性在另一方面也表现得淋漓尽致，它不给昆虫行动的自由，甚至不让它避免犯错误。你愿意说石蜂有什么判断力，就给它这样的判断力好了。如果它有这种天赋的能力，它能预先衡量出幼虫所需要的口粮吗？根本不能，这份口粮，石蜂并不知道。没有任何东西教过这个家庭的母亲，可是，它第一次尝试，就会把蜜罐装到需要的程度。诚然，幼年时，它曾经得到同样的口粮；但是它那时是在黑黢黢的蜂房里，何况幼虫还是瞎子呢！因此眼睛并没有告诉它食物有多少。那么，我们只能说，是胃记住了食物的数量，因为是胃把这些食物消化掉的。但是，消化是一年前的事，那时的婴儿已经长大成人，它形状变了，住所变了，生活方式变了。它原先是只小幼虫，现在是只石蜂了。现在的昆虫还记得童年时代的饭量吗？我们记不住在母亲的怀里吮了几口奶，它不也是这样的吗？因此，石蜂根本不能根据记忆，根据榜样，或者根据经验，得知幼虫需要的食物数量。那么，究竟是什么东西指导它这么精确地衡量蜜浆呢？判断和视觉会使石蜂母亲十分惶惑的，因为有可能给得太多或者给得不够。要让母亲不犯错误，那就要求它必须具有一种特殊的禀性，一种无意识的推动力，一种本能，就是这种内心的声音指点它进行测量的。

第十一章 🪲 黑腹狼蛛

蜘蛛的名声不好，在大多数人眼里，这种动物是可恨的坏家伙，大家都急忙要把它踩死。对于这种简单的判决，观察者则以蜘蛛艺高手巧，善于织网，巧于捕猎，爱情悲惨等等很有意思的习性特点来反驳。是的，除了科学方面的一切考虑，蜘蛛仍然很值得研究；不过，人们说它有毒，这就是它的罪行，这就是它引起我们讨厌的首要原因。有毒吗？如果所谓有毒指的是它身上有两个螯牙，抓住小的猎物能迅速置于死地，那么这说法不错；可是伤害一个人和杀死一只小飞虫，两者之间毕竟差别很大。不管它是怎样迅雷不及掩耳地，一记就把被致命的网缠住的昆虫蜇死，蜘蛛的毒液对于我们来说是没有什么危险的，它还没有一只库蚊蜇得疼。至少对于我们地区大多数的蜘蛛来说，这一点是可以肯定的。

不过有一些蜘蛛却是可怕的，其中首推科西嘉农民十分害怕的红带蜘蛛。我曾见过它在田塍上安营扎寨，编织罗网，大胆地扑向块头比它还大的昆虫；我曾经欣赏过它那带胭脂红点的黑绒衣服；我还听到过人们谈起它时所说的令人不安的话。在阿雅克修[1]和博尼法西奥郊区，人们都说被它咬了是很危险

红带蜘蛛

---

① 阿雅克修：法国科西嘉省的首府。——校注

的，甚至是致命的。乡下人这样断言，医生却不敢否定。收割者谈起暗色球蛛都胆战心惊，这种蜘蛛是杜福尔第一个在卡塔洛涅山①上发现的。据他们说，被咬了会有严重的后果。意大利人把狼蛛说得很叮怕，人被它螫了一下就会浑身痉挛，乱舞乱跳。他们保证说，要治好狼蛛病，被这种意大利蜘蛛螫过所产生的病，必须借助于音乐，这是唯一的特效药。我记下了一些专门治狼蛛病的曲子，有医用舞谱和医用音乐。而我们，不也有节奏强烈的塔兰特拉舞吗？它说不定就是卡拉布尼亚农民治疗学遗留下来的②。

对于这些怪事，是要认真对待还是一笑置之呢？我所见甚少，不敢断言。不能说身体衰弱而且感受性十分强的人，在受到狼蛛的螫刺后不会产生神经错乱，音乐则减轻神经错乱；不能说由于非常剧烈的舞蹈大量地流汗，不会减轻病情从而减少身体的不适。我并不是一笑置之，我思考，而且当卡拉布尼亚农民跟我谈到狼蛛，当皮佐的庄稼汉谈暗色球蛛，当科西嘉农夫谈红带蜘蛛时，我作了进一步的了解。这些蜘蛛以及其他几种蜘蛛，它们可怕的名声很可能是名实相符，至少部分符合事实的。

关于这个问题，我们地区最大的蜘蛛黑腹狼蛛③，现在将向我提供值得深思的材料。我根本不想谈医学问题，我首先关心的是本能问题；但是由于有毒螫牙在捕猎者的战争手段中扮演着首要角色，我也附带谈谈这些螫牙的作用。狼蛛的习俗，它如何埋伏，它的诡计，它杀死猎物的方法，这些就是我的研究主题。在此，我借杜福

---

① 卡塔洛涅山：法国东部的一座山脉。——校注
② 塔兰特拉舞：意大利南方的一种速度极快的民间舞蹈。　卡拉布尼亚：意大利南部地区名。——译注
③ 黑腹狼蛛：即纳博讷狼蛛。见卷八第二十三章，卷九第一至第三章。——校注

尔的一段叙述作为开场白，我以前在阅读杜福尔的叙述时，得到了愉快的享受，并促使我与蜘蛛建立了联系。朗德的这位学者谈到普通的狼蛛，谈到他在西班牙观察到的卡拉布尼亚狼蛛：

　　狼蛛喜欢住在没有作物、干燥朝阳的开阔地上。成年时，它通常住在地下的沟槽里，住在它自己挖的狭窄而肮脏的洞穴里。洞穴圆柱形，直径通常有一法寸，挖在地下一法尺深处；但不是垂直的。这证明这种狭长坑道的居民，既是巧妙的捕猎者，又是能干的工程师。对于它来说，它不仅要建造一个深深的内堡，以免遭敌人的追捕，而且还要在那里设立观察所，以便侦察猎物的到来，并猛地一下向猎物扑去。狼蛛一切都预见到了，地下沟槽的方向先是垂直的，然后在五六法寸深处折成一个钝角，形成一个横的曲肘，然后又是垂直的。狼蛛就是在这个管里像警惕的哨兵似的，目不转睛地注视着哨所的门口；就是在那儿，我在捕捉它时，看到它那金刚钻似的亮眼睛闪闪发光，像黑暗中的猫眼。

　　狼蛛洞穴的洞口上通常有一根用各种材料建造的管子。这是一个真正的建筑物，超出地面一法寸，直径有时达两法寸，比洞穴本身还要宽。这样的结构似乎是巧妙的蜘蛛精心计算的结果，这样当它必须出去捕捉猎物时，手脚可以施展得开。这根管子主要用一点黏土把干木屑粘在一起筑成，木屑巧妙地一层叠一层，成为直柱式的脚手架，内部是空心的。这个管状建筑物的管壁上有一特别的保护层，使这个前沿棱堡十分牢固。保护层

普通狼蛛

是铺在内壁上的一种织物，用狼蛛的丝织成的，一直延伸到整个洞穴的内部。我们不难想象这个如此巧妙地砌造出来的保护层是多么的有用，它既可以防止塌方、变形，又可以维护清洁，还便于狼蛛用足从碉堡中攀爬出来。

我看到的洞穴并不是都有这种棱堡；我经常遇到一些狼蛛，洞上面一点痕迹都没有，或者是下雨把棱堡摧毁了，或者是因为狼蛛并不都能找到建筑材料，也许是因为只是个别狼蛛在身体和智力发展到完善时期，处于巅峰状态时才有这种建筑才能。

肯定无疑的是，我多次有机会看到这些管子，狼蛛洞穴的这些前沿建筑；我觉得这些建筑有某些石蛾的柴屋那样大小①。蜘蛛建造这些管子有几个目的：使住宅不被水淹；预防异物被风吹掉下来把住宅堵住；把管子作为陷阱，给它要捕猎的苍蝇等昆虫提供一个高台做歇脚地。谁会想到这种机智而大胆的猎人所使用的各种诡计呢？

现在我讲一讲狼蛛相当有趣的捕猎行为。五六月是捕猎的最好季节，我第一次发现这种蜘蛛的小窝，瞥见蜘蛛就停在小窝的二楼上，停在拐弯处，因此肯定里面有居民。我以为要把它抓住，就要以武力向它进攻，拼命去追捕它。我花了整整好几个小时，用一法尺长两法寸宽的刀子把沟槽打开，可是没有见到狼蛛。我又挖掘了别的一些洞穴，还是没有成功；我必须有一把锄头才能够达到目的，可是我离有人家的地方太远，不得不改变进攻计划，采用计谋。正像人们所说的，需要产生办法。

我的办法是拿一根上面有小穗的麦秸轻轻地在洞口上摩擦，

---

① 见卷十第二十章。——校注

晃动，装着诱饵。麦秸引起了狼蛛的注意，它受到这个诱饵的引诱，谨慎地走向小穗。我适时地把小穗往洞外拉了一点，不让蜘蛛有时间思考；于是蜘蛛往往纵身一跃，跳出了洞穴，我急忙把洞口封住。这时狼蛛由于离开了自己的窝而张皇失措，在我的进逼下显得非常笨拙，走投无路，被迫进入我准备的纸袋，我立即把纸袋封住。

有时狼蛛怀疑这是圈套，或者也许不太饿，态度很谨慎，一动不动地待在离家门不远处，大概认为不跨出家门是明智的。它这样的克制使我不耐烦了，于是，我又使用新的战术。在看清楚小径的走向和狼蛛的位置后，我用力把刀刃斜插进洞穴，使狼蛛后部翘起来，同时拦住洞穴，切断它的退路。这种办法十拿九稳，特别是土里石头不多时更有效。在紧急情况下，狼蛛害怕了，它离开洞穴逃走，或者始终紧贴着刀刃。这时我猛地一下让狼蛛翻一个筋斗，把土和狼蛛都扔到远处，然后把狼蛛捉住。使用这种捕猎办法，我有时一个小时便捉到了15只狼蛛。

有时狼蛛识破了我设置的圈套，当我把小穗伸进窝里转动时，我惊奇地看到它带着蔑视的神情玩弄着小穗，用脚踢走，而根本不想回到洞底去。

巴格利维[1]的报告谈到，普伊的农民也在狼蛛洞口，用燕麦秸模仿一种昆虫的嗡嗡叫声来捕猎狼蛛。

"当地的农民要逮狼蛛时，便走近狼蛛的洞穴，用细细的燕麦秸发出嗡嗡的响声。凶恶的蜘蛛以为听到苍蝇的叫唤，便从洞里跳出来，被设下圈套的农民抓住了。"

---

[1] 巴格利维（1668—1707）：意大利医生，萨莱诺大学哲学博士和医学博士，精于观察疾病并是一个优秀的从业医师。——译注

狼蛛乍看起来这么可怕，尤其是当人们想到如果被它刺着是那么危险，它表面上十分野蛮，其实是非常容易驯养的，我曾就此做了几次实验。

1812年5月7日，我居住在西班牙瓦伦西亚①时，抓住了一只完好无损且身材相当漂亮的雄狼蛛，把它关在一个玻璃瓶里，用纸封住。我在纸中央开了一个带护板的口，瓶底贴了一个纸袋作为它平常的居所。我把瓶子放在卧室的一张桌子上，方便随时都能看到它。它很快适应了囚居的生活，我用手抓住苍蝇喂它时，它敢于从我手指上把活苍蝇抓走。它用螯肢的螯牙给它的猎物致命的一击，可是它不像大多数蜘蛛那样满足于吮猎物的头，而是把猎物整个身子弄碎，再用螯肢把肉一块块送进嘴里；然后它扔掉捣碎的外皮，扫到远离住所的地方。

它饭后很少会忘记梳洗的，它用前足来刷螯肢，内外都刷干净；然后又摆出庄重的样子一动不动。它在晚上和夜间散步，我经常听到它扒抓纸袋的声音。这些习惯证实了我曾提出的看法：蜘蛛跟猫一样，有能力看出白天和黑夜。

6月28日，狼蛛蜕皮了，这是它最后一次蜕皮，无论是它的感觉方式、外表颜色，还是身材大小，都没有发生变化。7月14日，我不得不离开瓦伦西亚，直到23日才回来。在这段时间里，狼蛛挨饿了；可是我回来却发现它的健康情况良好。8月20日，我再度离开几天，而我的囚犯在缺粮的情况下生活，身体依旧无恙。10月1日，我再度弃狼蛛于灾荒中。10月21日，我预计前往瓦伦西亚的一些地方，便派一名仆人去替我将狼蛛带来。然而，我却遗憾地得知，短颈广口瓶找不到它了，因为我忘记了给它储粮。

①瓦伦西亚：西班牙东部城市，濒临地中海沿岸的图里亚河口。——校注

卡拉布尼亚狼蛛

最后，我简短描述一下这些动物间的奇怪战斗，结束我对狼蛛的观察。一天，我捕捉了一些狩猎战果辉煌的狼蛛，选了两只孔武有力的雄性狼蛛，放到一个大瓶子里，我想看看一场殊死战斗。它们绕着决斗场走了好几圈企图逃走，然后，就像听到发出了信号似的，很快摆出战斗的架势。我看到它们先是惊奇地彼此拉开距离，支起后腿庄严地直立着，彼此都把胸部的盾牌摆在对方面前。它们这样面对面地互相观察了两分钟，彼此必定是在用目光进行挑衅，不过我没有看出来；然后，我看到它们同时扑向对方，腿脚交缠，顽强搏斗，企图用螯肢的螯牙来刺敌手。或许是疲劳了，或许是达成了协议，战斗中止了，停战了一会儿；决斗士彼此走开一些，又摆出威胁的姿态。我想起在猫的决斗中也有类似的停战。但是两只蜘蛛的战斗很快又开始了，而且更加激烈。旗鼓相当的两只狼蛛，有一只终于被打倒，头部受到致命的一击，它成为了胜利者的猎物，胜利者把它撕碎吞到肚里去了，在这场决斗后，我让这只胜利的狼蛛又活了好几个星期。

这位朗德学者向我们叙述了普通狼蛛的习俗，在我生活的地区没有这种蜘蛛，不过有可与之媲美的黑腹狼蛛，黑腹狼蛛的身材只有卡拉布尼亚狼蛛的一半大，腹面长着黑绒，腹部有棕色人字形条纹，足节灰白相间。它喜欢住在干旱多石、被太阳炙烤且生长百里香的地方。在荒石园里，黑腹狼蛛的窝有20来个。我每次从这些窝旁走过很少不朝窝底瞧一眼的，在窝底有四只大眼睛，隐居者的四个望远镜，像钻石似的在闪闪发光；另外四只单睛则小得多，在洞穴深处看不见。

如果想要更大的收获，我只需走到离家几百步附近的高原上去，那里从前是绿荫蔽日的森林，如今却一片荒凉，没有生机，只见蝗虫在觅食，白鹟在石头间飞来飞去。人们利欲熏心，把这块地方给毁了。葡萄酒收益大，人们就毁林种葡萄；可是发生了葡萄根瘤蚜虫害，树根烂了，以往绿色的高原成了不毛之地，在乱石间长着几簇茁壮的禾本科植物。这个佩特腊阿拉伯是狼蛛的乐园；在一个小时里，我在一小块地方就发现了100个窝。这些洞穴是深约一法尺的井，先是垂直的，然后弯成曲肘，平均直径为一法寸。在洞口边上竖立着井栏，是用麦秸、各种小颗粒甚于榛子那么大的石子黏合蛛丝筑成的。蜘蛛经常只是把旁边草地上的干叶扒过来，用纺丝器的丝把叶子捆住，而没有使叶子和植物分离；但它更喜欢用小石子砌造的石头工程而不要木建筑。井栏的性质取决于建筑工地狭窄的范围内，狼蛛手边有什么材料。没有什么好挑选的，只要靠得近，一切材料都可以。

根据建筑材料的不同，建造防御性围墙所花的时间大不相同，高度也不一样，有的围墙是一法寸高的角塔，有的只是一个简简单单的凸边。所有这些井栏各部分都用丝牢牢连在一起，井栏跟地道一般宽，是地道的延长。地下庄园和前沿棱堡的直径没有差别；在洞口没有像意大利狼蛛那样，为便于伸出腿，而在角塔上留出可自由通过的平台。一口井上面直接搭个井栏，这就是黑腹狼蛛的建筑物。

如果是同质的泥地，要建成什么样子都没有什么障碍，那么狼蛛的住宅是个圆柱形的管子；如果房子建在石子地，那么房屋的形状则根据地形而有所不同，但一般是一个粗糙的洞穴，弯弯曲曲，洞壁上有石块突出来，这是因为挖掘时从石头旁边绕了过去的缘故。庄园不管是规则的还是不规则的，洞壁总是用丝涂了一层，涂层可防止坍塌，在快速出去时便于攀登。

巴格利维以蹩脚的拉丁文告诉我们他抓普通狼蛛的办法，"设下圈套的农民"在洞口摇晃小穗，并模仿蜜蜂的嗡嗡叫声来吸引狼蛛的注意，狼蛛扑出洞来，以为抓住了一只猎物。我也采用这种办法，但并没有成功。不错，蜘蛛离开了它隐蔽的地堡，往垂直的管子走上几步，看看究竟是什么东西在它门口叫；可这狡猾的蜘蛛很快就识破了诡计；它停在半路上不动了；然后，稍有动静它又下到曲肘里看不见了。

我觉得杜福尔的办法如果在我所处的条件下可行，情况会更好些。当狼蛛被小穗所吸引停在上一层楼的时候，迅速把刀横穿过窝，插进土里，切断它的退路；如果土地适合这么做，这种战术一定会成功的。不幸的是，我的情况不是这样，我要这么做就像把刀刃插进凝灰岩一样。

我必须采取别的诡计，我采用下面这两种办法取得了成功，在此我把这两种办法介绍给未来的捕蛛人。我把一根麦秸尽可能深地伸进窝里，麦秸穗粒饱满，蜘蛛可以整个咬住。我晃动诱饵，转来转去；饱满的穗粒轻轻碰到蜘蛛，蜘蛛想自卫便张口去咬；我手指上觉出有点反应，这是狼蛛中了计，用螯牙抓住麦秸头而产生的震动。我小心翼翼慢慢地把麦秸往外拉，狼蛛则用腿顶住洞壁往下拉，一上一下，一上一下，当蜘蛛来到垂直通道时，我尽量躲起来，如果它看到了我，就会扔掉诱饵又下去的，我就这样一点一点地把它一直拉到洞口。现在到了艰难的时刻，如果我继续这么轻轻地拉，蜘蛛觉得自己被拖出了窝，就会立即返回洞底，用这样的方法把多疑的蜘蛛拉到外面来是不可能的。于是，当狼蛛到了跟地一般齐的时候，我猛地一拉，狼蛛被雅纳克的这一记①吓得来不及松开螯牙，它钩在小穗上，被扔到离窝几法寸远的地方。这时，抓住它就没什么困难，蜘蛛离开了窝，惊恐万状，好像吓呆了，几乎连逃走都不会了，把它赶到纸袋里去只是举手之劳。

要想把咬着小穗诱饵的狼蛛拉到洞口上来，需要具有相当的耐性。下面我介绍一种更快捷的方法。我准备了一些活的熊蜂，把一只熊蜂放到一个大小可以塞住洞口的小细颈瓶里面，然后将装着诱饵的仪器翻过来卡在洞口上。这只健壮的熊蜂在玻璃牢房里先是飞啊叫啊，然后看到一个跟它的家相似的窝便毫不犹豫地钻了进去。它倒霉了，它下去时，蜘蛛走了上来，彼此在垂直过道里相遇。这时，我的耳边响起了丧歌，这是熊蜂对于蜘蛛的接待发出抗议的鸣叫。丧歌唱了一会儿，然后，突然什么声音都没有了。这时我把小瓶拿走，把一个长柄镊子伸入井里。我把熊蜂拉出来，可它一动不动，已经死了，触角耷拉着。刚才发生了多么可怕的悲剧啊！蜘蛛跟着熊蜂上来了，它不愿放弃如此丰富的战利品，猎物和猎人都被拉到洞口来了。有时，蜘蛛满心狐疑，上来后又马上回去；但是只要把熊蜂搁在门槛边，甚至离门槛几法寸远处，蜘蛛又会出现。它走出它的堡垒，大胆地再来咬猎物。这正是时候，用手指或者一块石头把窝盖住，于是，正像巴格利维所说的，狼蛛"被设下圈套的农民抓住了"，而我还要补充说："在熊蜂的帮助下。"

---

① 雅纳克：法国中世纪一个绅士，在一场决斗中他即将被打败，但他突然在对手膝盖弯处猛击了关键的一记而获胜，于是"雅纳克的一记"成为成语，指"巧妙而关键的手段"。——译注

　　我想尽种种办法捕蛛，并不就是为了得到狼蛛，我根本不想在小瓶子里饲养狼蛛，我想的是另一个问题。我心想，它是个热情的猎人，它只靠自己的这一行来谋生。它不为后代储备粮食，它吃自己抓来的猎物。它不是麻醉师，麻醉师巧妙地给猎物留下一线生命，并使它整整好几个星期保持新鲜；它是个杀手，它把野味立即装进肚里去。这种杀手不采取活体解剖法，不会有条不紊地消灭对手的运动能力而不消灭其生命，而是尽可能快地让对手彻底死亡，以免攻击者受到被攻击者的反戈一击。

　　另外，它的野味应该是粗壮的，而粗壮的并不总是十分温和。这个埋伏在角塔里的狼蛛，它的食物应当是一种可以与它的力量相匹配的猎物。我不时会看见大颚坚硬的肥蝗虫、性情暴躁的胡蜂、蜜蜂、熊蜂和别的带着毒匕首的昆虫中了蜘蛛的埋伏。决斗在武器方面，双方几乎是势均力敌的。狼蛛舞着有毒的螯牙，胡蜂挥动有毒的螯针。这两个强盗谁会占上风呢？双方殊死肉搏。狼蛛没有任何第二种防御手段，没有绳圈来捆绑猎物，没有捕兽器来捕捉猎物。圆网蛛捕猎跟狼蛛不同，当看到虫子被垂直的大网缠住时，它跑过去，向俘虏抛去一把绳子，使得对方无法进行任何抵抗。它出于谨慎，用有毒的螯牙给这个牢牢捆绑着的猎物刺了一下后，便退了回去，等待垂死者的扑腾平静下来，这时猎手才回到猎物这里来。圆网蛛捕猎不会遭遇严重的危险。对于狼蛛来说，它的行为要靠碰运气。由于它只有勇气和螯牙，它必须扑向危险的猎物，灵巧地控制住对方，以快速杀手的才干，以迅雷不及掩耳之势把对方击倒。

　　迅雷不及掩耳地击倒对方，用词真是恰当，我从致命的洞穴里拉出来的熊蜂可以充分说明。当

1½
土熊蜂

我称之为丧歌的尖声鸣叫一结束，我急忙把镊子伸进去，已经没用了；我拉出来的都是死虫，触角下垂，两腿松软，只有还颤动几下的腿表明这是一具刚刚咽气的尸体。熊蜂是在一瞬间死去的。每一次我从这可怕的屠宰场里，把一只新的牺牲品拉出来时，对于它这样骤然便一动不动总是惊奇不已。

这两个对手的力气几乎是同样大，我总是在最大的熊蜂——长颊熊蜂中挑选熊蜂斗士的。两者的武器差不多一样厉害，熊蜂的螯针可与蜘蛛的螯牙一试高低；在我看来，被熊蜂蜇刺比被狼蛛咬着更可怕。可为什么狼蛛总是占上风，在一场非常短暂的战斗后总是安然无恙呢？它肯定拥有巧妙的战术。它的毒汁再厉害，我也不会相信，它光靠在猎物身上随便什么部位注入毒汁，就能够这么快地解决战斗吗？名声吓人的响尾蛇也不会这么快地杀死对手的，它需要几个小时，可狼蛛甚至连一秒钟都用不着。可见蜘蛛击中的部位，比它凶残的毒汁更具有性命攸关的重要性。

1½

长颊熊蜂

这个部位在哪里呢？用熊蜂做实验是无法看出来的，它们进入洞穴，我看不见谋杀是怎样进行的。另外，我用放大镜在尸体上也找不到任何伤口，造成伤口的武器太小。我必须逼近观察这两个肉搏的对手。我好几次试图把一只狼蛛和一只熊蜂一道放在小瓶子里，可是这两个家伙互相逃避，它们对于自己被囚禁都感到不安。我把它们关在一起24小时，可谁也没有发起进攻。它们更关心的是因牢而不是进攻，它们在等待时机，仿佛若无其事似的，实验一直没有成功。我用蜜蜂和胡蜂来实验虽然成功了，可是谋杀是在夜间进行的，我什么也没看到。第二天，我发现这两只膜翅目昆虫已经在狼蛛的嘴里成为碎块。如果是一只弱的猎物，这一口美食，蜘蛛要把它留在夜里安静地享用；如果是能够反抗的猎物，那就不要在囚居的情况下去进攻它，囚犯对自己处境的担忧，使它的狩猎热情冷了。

宽底瓶决斗场可以让每个竞技者退到一旁，对手不犯它，它也不犯对手；现在我把竞技场缩小，把围墙缩短，把熊蜂和狼蛛放在一个试管里，试管的底部只够放一只昆虫。一场激烈的混战爆发了，但并没有严重的后果。如果熊蜂在下面，它就仰躺着，用腿把狼蛛顶开直至没有力气为止，我没有看到它拔出匕首。而蜘蛛则用它的长腿顶住四边的围墙，挂在光滑的表面上，尽量远离对手。它在那里等待着结局，而好动的熊蜂很快就会打破瓶里的宁静。如果熊蜂在上面，狼蛛收拢腿来保护自己，把敌人挡在一定距离外。总之，除了两个斗士彼此接触在一起时会发生激烈混战外，没有发生任何值得注意的事情。在宽底瓶的竞技场没有你死我活的决斗，在试管狭窄的竞技场上也没有，一旦离开了家，蜘蛛胆战心惊，顽固地拒绝任何战斗；熊蜂就是再傻也不敢发起进攻，于是我放弃了在实验室里的实验。

狼蛛在自己牢固的城堡里勇气十足，所以必须到现场，把决斗送到狼蛛家里去；可是熊蜂进到蛛窝里，决斗的结果就看不到了，因此我必须用另一个不是非要进入洞穴不可的对手。我们地区有一种长得最大最粗壮的膜翅目昆虫，此时在花园里，在一串红的花上有许多，它就是紫色木蜂，身着黑绒外衣，紫红翅膀如轻纱一般，身材比熊蜂大，约有一法寸长。它的螫针很凶狠，被刺一下皮肤就会肿起来，而且疼的时间很久。我记得很清楚，因为我付出过昂贵的代价。如果我能让狼蛛同意跟它战斗，这真是一个势均力敌的对手。我找了一些瓶子体积不大但瓶颈相当宽，可以像用熊蜂做诱饵捕捉狼蛛那样把窝塞住，我把木蜂放进这些瓶子里。

我要送上的猎物会慑服对手的，于是我挑选了最粗壮、最勇敢、饿得最厉害的狼蛛。我把带着小穗的麦秸伸进窝里，如果狼蛛立即跑来，如果它身材粗壮，如果它大胆地上来直至洞口，那么它才会被选中参加比武，否则就淘汰它。用一只木蜂做诱饵的瓶子翻转过来卡在一只被选中的狼蛛的门口，木蜂在瓶里大声嗡嗡叫；猎手从洞穴里上来了，它来到自己的门槛上，不过是在门里。它瞧着，等着，我也等着。一刻钟一刻钟，半小时半小时过去了，什么也没发生，蜘蛛又回到自己家里去了，很可能它认为出击太危险。我到第二个洞，第三个、第四个洞去，都没有成功，猎手不愿走出它的巢穴。

我利用十分谨慎选好的隐蔽地和这个季节炎热的天气，耐心地等待，好运终于降临了。一只狼蛛突然从洞里跳了出来，大概是由于长时间没有东西吃而忍不住了。在瓶子里演出的悲剧，眨眼工夫就宣告终结，粗壮的木蜂死了。凶手是在

木蜂

什么部位打击它的呢？我很容易就看出来了。狼蛛没有放掉对手，螯牙插在木蜂的颈后部。杀手正像我猜想的那样的确真有技巧；它瞄准生命的中心进攻，把带毒的螯牙戳入木蜂的脑神经节。总之，它咬的是伤势会骤然致死的那个唯一的部位。凶手的这种知识真令

我佩服。我的表皮被太阳烤焦了，可我得到了补偿。

一次不是常态，我刚才看到的，是偶然的行为吗，这一记是预先考虑好的吗？我向别的狼蛛请教。尽管我十分耐心地等待，许多狼蛛，大多数的狼蛛都顽固地拒绝从它们的窝里跳出来向木蜂进攻。这个野味是庞然大物，它们是不敢去碰的。饥饿会使狼从树林里出来，难道不会使狼蛛从洞里出来吗？果然有两只狼蛛也许更饿，终于向木蜂扑了过去，并在我眼前重复了那典型的谋杀案例。它们仍然是咬住颈部，专门咬颈部，猎物立即死了。我亲眼看到在同样的条件下进行了三次凶杀，这便是我两次从早上8点到中午12点进行实验的结果。

我已经看得很清楚。快速的杀手刚才就像前面那个麻醉师那样，告诉了我它的凶杀技艺，它告诉我它彻底掌握了潘帕斯人①杀牛的技术。狼蛛是一个彻头彻尾的"刺颈师"。现在我还得用室内的实验来证实露天实验的结果。我给这些响尾蛇一样毒的家伙布置了一个动物园，来检测它们毒汁的毒性和螯牙刺在身体不同部位的效果。我用读者已了解的办法捉来囚犯，把它们分别放在一打宽底瓶和试管里。看到狼蛛就会害怕得大叫一声的人，看见我的实验室里到处是这些可怕的狼蛛，一定会觉得待在那里是不大安全的。

如果狼蛛不屑于或者不敢进攻放在宽底瓶里的对手，我就把对手放在它的螯牙下面，它就会毫不犹豫地去咬。我用镊子夹着蜘蛛的胸部，我把要让它刺的昆虫放在它的嘴边。如果狼蛛不是因为经过多次实验已经疲劳，它就会立即打开螯牙刺到对手身上去。我先是在木蜂身上实验螯刺的效果，颈部一被刺中，木蜂立即死掉了。

---

① 潘帕斯，阿根廷中部和南部高原。——译注

这种猝死，我在狼蛛窝门口已经看到了。如果木蜂被刺在腹部后再放到宽底瓶中让它自由活动，起先似乎没什么严重问题，它飞舞，乱跑，嗡嗡叫；但是半个小时后立即死去了。如果螯牙击中的部位是背面或者侧面，木蜂则一动不动，腿踢蹬，肚子抽动，表明还有生命存在。这种状况一直持续到第二天，然后，一切都停止了，木蜂成了一具尸体。

这种实验有一定的价值，刺在脑部，强壮有力的木蜂当即死掉；因此蜘蛛用不着害怕一场稳操胜券的斗争会有什么危险。刺在其他部位，刺在腹部，木蜂还可以使用它的螯针，它的大颚，它的腿；而狼蛛如果被蜇到就要倒霉。我曾看到有些狼蛛咬的部位很接近螯针，结果自己的嘴被蜇，过了24小时，它就死掉了。因此，对于这种危险的野味，必须采取伤害脑神经中枢立即将其击毙的办法；否则猎手自己的性命也会搭了上去，这种情况太常见了。

第二类接受手术的是直翅目昆虫：一指长的蝗虫、肥头大脑的螽斯、距螽。如果颈部被咬，这些昆虫也同样会猝然死亡；而其他部位，尤其是腹部被蜇，它们能够挺住相当长的时间。我曾见到一只距螽腹部被咬，在笼子牢房里坚持了15个小时，一直牢牢地趴在光滑而垂直的罩壁上，最后它掉下来死了。体质纤弱的膜翅目昆虫在半个小时内死了，而粗大的直翅目昆虫则可以坚持整整一天。除了这些由于机体敏感性程度不同而产生的差异之外，我可以总结出两点：大个子昆虫，如果颈部被狼蛛咬着，立即就会死去；别的部位被咬，它也要死去，不过要过

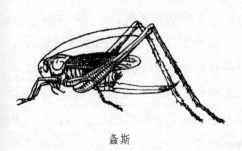

螽斯

一段时间之后，时间的长短，根据不同的昆虫而有很大的差别。

实验者在狼蛛的洞口给它送上丰富但危险的野味时，狼蛛为什么会长时间犹豫，令实验者心中急不可耐，原因已经十分清楚。绝大多数狼蛛拒绝扑向木蜂，是因为像这样的野味的确不是无缘无故令人害怕的。如果狩猎者随便乱咬什么地方，很可能会危及自己的性命，只有伤害颈部才能马上致对手于死地；因此，必须抓住对手的这个部位而不是别的部位；如果不是一击就把对手杀死，就会激怒对手，使它变得更加危险。狼蛛知道得很清楚，因此它躲在自己的门槛上，而且如果需要，迅速后退，窥伺着有利的时机。它等待肥大的直翅目昆虫正面呈现在它面前，这时它可以容易地抓住对手的颈部。如果出现了这个必胜条件，它便猛地一跳，向对手发起进攻；相反，如果猎物动来动去，它感到厌烦，便回到窝里去。毫无疑问，这便是我为什么需要花四个小时的时间，才能看到三个屠杀案例的原因。

我过去受到膜翅目昆虫麻醉师的教导，曾企图亲自在昆虫的胸部注入一小滴氨水，来麻醉象虫、吉丁、金龟子这些昆虫，它们的神经系统集中在一起，便于进行这种生理学手术。学生的操作符合老师的教导，我曾经麻醉过一只吉丁和一只象虫，几乎跟节腹泥蜂干得一样好。今天我为什么不也模仿狼蛛这个职业杀手呢？我用一根细钢针把一小滴氨水注进木蜂或者蝈蝈儿脑部，它们除了痉挛外没有别的动作，它立即死掉了。脑神经节受到刺激性液体的伤害，功能停止，于是死亡来临。但是这种死亡并不是猝死，痉挛还继续了一段时间。如果在立即死亡方面的实验结果还不够理想，原因何在呢？在于所使用的液体，氨水根本不像狼蛛的毒汁那么有效，不会迅速致昆虫于死命。狼蛛的毒汁是相当可怕的，我们下面就会看到的。

我让狼蛛咬一只羽毛刚丰的麻雀，一滴血淌下来，伤口四周泛起红晕，接着变成紫色，麻雀几乎立即提不起腿了，那只腿耷拉着，爪趾弯曲；它只能用另一只腿来跳。不过这个伤员似乎伤势不是太严重，一直保持着好胃口。我的女儿们用苍蝇、沾了蜜的面包、杏子肉喂它，它的身体会复原，会恢复力气的；这只因我对科学的好奇而受害的麻雀，将会重新获得自由。这是我们大家的愿望，是我计划实验的事。12小时后，麻雀似乎有希望治愈；伤残者很乐意接受食物，如果太迟给它喂食，它还会要呢。可是那条腿始终不听使唤。我以为这是暂时的麻醉，很快就会消失的。第三天，小鸟拒绝进食，它什么也不想吃，羽毛蓬松，它在赌气，时而一动不动，时而突然一跳。我的女儿们在掌心上呵气来给它取暖。痉挛变得越来越频繁，最后它微微张开嘴，表明一切结束了，小鸟死了。

晚饭时，餐桌上的气氛有点冷清。我从家里人的目光中看出，大家在无声地责备我的实验，我感觉得出一种沉闷的气氛笼罩在我的周围，大家谴责我行为残忍。这只可怜的麻雀使全家的人难受，我自己在良心上也有点自责，我觉得为了取得这么微不足道的成绩，所付的代价太大了。那些为了一点小事，就把狗拿来开膛破肚却连眉头也不皱一下的人，他们的心真不是肉做的。

不过，我还有勇气重新开始，这次我用一只鼹鼠做实验。当它正在糟蹋一畦莴笋时被我逮住了。我担心，如果必须把它关几天，饥肠辘辘的囚犯会令人怀疑它的死，可能不是因为被刺伤，而是因为饥饿。如果我无法频繁地向它提供食物，我也许会把饥饿致死看作是毒汁的威力，因此，我首先得看看自己有没有可能饲养鼹鼠。我将鼹鼠关在一个大的容器里，喂给它各种昆虫，金龟子、蝈蝈儿，特别是蝉，它津津有味地咀嚼起来。用这些食物喂养了24小时后，我深信鼹鼠接受这样的食品，有耐心适应囚居生活。

我让狼蛛咬伤它的嘴角，然后放到笼子里后，鼹鼠老是用它宽大的脚来擦脸，似乎它的脸在灼疼，发痒。从此，它吃得越来越少；第二天晚上，它甚至根本不吃了；被螫刺后大约36小时，鼹鼠在夜里死了。它不是因为没有吃东西而饿死的，因为在容器里还有半打蝉和几只金龟子。

因此不只是昆虫，就是某些动物，如果被黑腹狼蛛咬伤也是可怕的。它可以毒死麻雀，毒死鼹鼠，它还可以毒死什么动物呢？我不知道，我的研究没有进一步扩大范围。不过，根据我所看到的这些情况，我觉得人如果被这种蜘蛛刺伤，那也不是微不足道的事故。我要向医学说的话就是这些。

对于昆虫哲学，我要说的是另外的事；我要向它指出，杀手们的这种深奥的技术，可以与麻醉师的技术媲美。我把杀手写成复数，因为狼蛛可能会让其他许多蜘蛛，尤其是不用网捕猎的蜘蛛分享它的谋杀技术。靠吃猎物维生的昆虫杀手们，螫刺猎物的脑神经节使它们一下子就死掉；想为幼虫保存新鲜食物的昆虫麻醉师则螫刺猎物别的神经节，使它们不能动弹。这两类昆虫都螫刺神经节，不过它们根据所要达到的目的而选择不同的部位。如果要猎物死，而且一下子就死掉，从而对猎手没有危险，便刺颈部；如果只是简单的麻醉，就不刺颈部而刺在后面的节段，根据牺牲品机体的秘密，有的只刺一个节段，有的刺三个节段，有的刺所有的节段。

麻醉师自己，至少其中某些昆虫，完全了解脑神经节具有性命攸关的重要性。我曾经看到，为了使猎物暂时麻痹，毛刺砂泥蜂咬幼虫的脑袋，朗格多克飞蝗泥蜂咬距螽的脑袋，但它们只是压压脑袋而已，而且十分小心；不会把螫针刺入这个性命攸关的生命中枢；没有一个麻醉师打算这么做，否则，它们就会得到一具幼虫不吃的尸体。可蜘蛛却把它的两把匕首插在颈部，而且只插在颈部；如果插到别的地方，只会使猎物受伤，反而会因此激怒猎物而引起反抗的。它需要的是现杀现吃的猎物，因此它粗暴地把螫牙插到其他昆虫小心翼翼地不去碰的这个部位。

如果这些巧妙的谋杀者，不管是杀手还是麻醉师，它们的本能不是动物与生俱来的天赋，而是后天的习惯，我绞尽脑汁也弄不明白这种习惯是如何养成的。随便你想给这些事实笼罩上怎样云遮雾障的理论，这些事实显然已经证明属于先天预定的范畴，这是你永远也无法掩盖住的。

第十二章 🐝 蛛蜂

砂泥蜂的幼虫，泥蜂的虻和节腹泥蜂的象虫，飞蝗泥蜂的距螽、蟋蟀、蝗虫，所有这些温和的野味，都是屠宰场里愚蠢的绵羊；它们傻乎乎地听任麻醉师把自己麻醉起来，不作激烈的反抗，只会大颚微张，腿脚动弹抗议，臀部扭动。它们没有可与凶手的螯针作斗争的武器。我很想看看侵犯者跟一个势均力敌的对手搏斗的情景。这个对手是个庞然大物，像它一样狡猾，善于埋伏，也拥有毒针。对于挥舞匕首的强盗，我希望看到另一个也善于舞刀弄剑的强盗与它对抗。有可能发生这样的决斗吗？有的，很有可能，而且甚至非常普遍，一方是无往不胜的蛛蜂，另一方则是屡战屡败的蜘蛛。

只要稍微接触过昆虫的人，谁不知道蛛蜂呢？谁没有看到过蜘蛛在旧墙根边，在人迹罕至的小路边的斜坡下，在收获后的麦茬里，在干草丛中到处织网；而蛛蜂时而把颤动的翅膀收到背上，忙忙碌碌地随意四处奔跑；时而飞行或长或短地变换地点呢？这些正在寻觅猎物的猎手很可能会改变角色，自己成为正在窥伺它的猎手的猎物。

蛛蜂只用蜘蛛来喂养它的幼虫，而蜘蛛则吃一切落入它们的罗网中跟它们身材差不多大的昆虫。蛛蜂有螯针，蜘蛛则有两把有毒的螯牙，彼此势均力敌；而且蜘蛛力量占优势的情况并不少见。蛛蜂有它的作战计谋和经过深思熟虑的巧妙的打击手段，蜘蛛也有它的诡计和危险的圈套；蛛蜂动作非常敏捷，蜘蛛则可以依靠它那狡诈的网；一个有螫针，善于刺到合适的部位以造成麻醉，另一个有螫牙，可以刺在颈部导致立即死亡；一方是麻醉师，另一方是杀手，两者谁将沦为对方的猎物呢？

如果只看两个对手相对的力量，武器的威力，毒汁的毒性以及各种行动手段，蜘蛛往往是占有优势的。既然蛛蜂在这场看似危险的斗争中总是胜利，那它一定使用了某种特殊的手段，我很想了解这种手段的秘密。

在我们地区，最粗壮有力而且最英勇的捕蛛猎手是环带蛛蜂，

2½

环带蛛蜂

它穿着黄黑相间的服装，腿细长，翅膀黄色，翅缘黑色，仿佛被烟熏过似的，就像烟熏鲱鱼。它的身材约有黄边胡蜂那么大，这是少见的。当盛夏到来，农民开始耕种休耕田而尘土飞扬时，它大步地走来走去，我总不免在这高傲的蛛蜂前驻足不前。它那放肆的神情，粗鲁的步态，好斗的举止，总是令我思忖，它一定是采取了不可告人的手段，才能捕捉住某种凶恶的、难于捕捉的昆虫作为猎物的。经过等待和观察，我终于见到了蛛蜂的猎物，我看到猎手的嘴里衔着猎物，一只黑腹狼蛛；就是用自己的武器一击就消灭了一只木蜂、一只熊蜂的可怕的狼蛛，就是杀死一只麻雀、一只鼹鼠的狼蛛，就是我们如果被它咬着，或许也有危险的那种可怖的蜘蛛。是的，这就是高傲的蛛蜂给它的幼虫吃的食物。

这种场面是捕食性膜翅目昆虫让我看到的最惊心动魄的情景之一，我只见过一次，就发生在我的乡间村舍，在荒石园里。我见到勇敢的偷猎者拖着刚在不远处抓到的猎物的腿到墙脚下去。在墙根有一个洞，几块石头间留下的空隙。蛛蜂先察看一番洞穴，不过不

是第一次，它原先已经侦察过，这地方很合它的意。蛛蜂把猎物放在我不知道的什么地方一动不动地等待着，而猎手到了那里又抓起猎物以便把猎物储存起来。正是在这时我见到了它。蛛蜂对洞穴最后看了一眼，从洞里清除出几片掉下来的灰浆，这些就是它的准备工作了。狼蛛仰着被拖着脚拉进洞里。我没有去打扰它。过不久，蛛蜂又出现了，漫不经心地把它刚才清出来的灰浆推到门前，然后飞走，事情结束了。卵已经产了下来，蛛蜂马马虎虎地把洞封住。这时我可以去检查洞穴和里面存放的东西了。

蛛蜂没有进行任何挖掘，而是随意找个洞。这个洞凹凸不平，是泥瓦匠留下来的，不是蛛蜂漫不经心地挖出来的。围墙也很简单，几块灰浆屑堆在门前，与其说是门，不如说是个栅栏。蛛蜂是个暴烈的猎手，可怜的建筑师。杀害狼蛛的凶手不知道给它的幼虫挖一个住所，不知道扫扫门口的灰尘把门口堵住。它随便在墙脚找一个洞，只要足够宽敞就行，然后用一小堆灰渣做个门，再没有比它更快捷便当的了。

我把猎物从壁凹里取出来，卵就贴在狼蛛身上，接近肚子。我把猎物拉出来时笨手笨脚地把卵碰掉了。完了，卵不会孵化，我无法看到幼虫是怎样发育的了。狼蛛一动不动，柔软得好像活的一样，一点没有伤口的痕迹。它的确还有生命，只是不会动罢了。隔了相当长时间，跗节的末端有一点儿颤动。我跟这种假尸体早就打过交道，我的脑子里浮现出这样的情景：蜘蛛胸部被刺中，由于蜘蛛神经器官集中在一起，无疑只要刺中一下就够了。我把这只牺牲品放在一个盒子里，从8月2日到9月20日，整整七个星期，它一直保持着新鲜，保持着有生命的柔韧性。我对于这种奇迹是很熟悉的，无须赘述。

　　我没有看到最重要的情况。我想看到的，我今天还想看的，就是蛛蜂怎样跟狼蛛搏斗。交战一方要靠诡计来战胜另一方可怕的武器，这是多么惊心动魄的决斗啊！蛛蜂是不是深入到狼蛛的巢穴里面，把躲在那里的狼蛛抓住呢？如果是这样，鲁莽是会要了它的命的。在熊蜂当即猝死的地方，大胆的访问者一进去也会死掉的。狼蛛难道不正面对面地在那里，等着咬它的颈部，让它立即死去的吗？不，蛛蜂没有进入蜘蛛的家，这是显然的。那么，它是在蜘蛛的堡垒外面捕猎吗？可是狼蛛深居简出，我没有看到它夏天在外面游逛。到了深秋季节看不见蛛蜂时，它出来流浪了；它成了吉卜赛女郎，把它众多的孩子背在背上，在阳光下四处转悠。除了做母亲时的散步之外，似乎它从没有离开过它的庄园，因此我觉得蛛蜂是没什么机会在户外遇到它的。你看，问题复杂化了，猎人不能冒着猝死的危险进入到蜘蛛窝里去，而由于蜘蛛深居简出的习俗，在户外又不可能遇到它。这其中肯定有个谜，揭穿这个谜底将会是蛮有意思的。我们设法来猜这个谜吧，我先观察其他捕捉蜘蛛的猎手；通过类比，就可以作出结论。

　　我曾多次密切注视各种蛛蜂外出狩猎的情形，我从没见过蜘蛛在家时，它们闯进它的窝。多疑的蛛蜂总是离得远远的，不管蜘蛛窝是插在墙洞里的漏斗网，是撑在麦茬上的顶棚，是模仿阿拉伯游牧民的帐篷，是由几片树叶构成的匣子，还是一张平网，在这些住宅里，业主一住进去就要给自己准备一间潜伏室的。如果住宅没有主人，则另当别论。蛛蜂在其他昆虫被缠住的这些蛛网、这些湖泊、这些绳索堆里，从容不迫、神气活现地漫步，丝网仿佛无奈它何。它探测这些没有蜘蛛的网干什么呢？它从这里监视旁边那些网的动静，蜘蛛就埋伏在那里。可见，当蜘蛛在自己家里，守在它的捕兽器里时，蛛蜂再怎么样也不愿意直接朝蜘蛛奔去的。它这么做有千百条理由。如果说狼蛛知道把匕首刺在颈部使对手立即死去，别的蜘蛛也不会不知道。因此，鲁莽的家伙如果走进跟它势均力敌的蜘蛛的门槛，那就活该它倒霉。

关于这种捕猎蜘蛛的昆虫谨慎措施，我收集了许多例子，我只讲一件事就足以佐证。一只蜘蛛用丝把金雀花的三片小叶聚拢在一起，给自己造了一个绿叶摇篮，一个两端敞开的水平卷筒。一只正在觅食的蛛蜂突然来到，它觉得这猎物合它口味，便伸出头在住宅的门口探望，蜘蛛立即退到另一端。猎手绕过住宅来到后门口，蜘蛛又往后退到前门口。蛛蜂马上又回到前门，但总是从外面走。它刚到，蜘蛛就拔腿往对门跑去。就这样蜘蛛在卷筒的里面，蛛蜂在外面，从一头到另一头，你来我往，跑了整整一刻钟的时间。

看来这猎物是很有价值的，蛛蜂尽管屡屡受挫，却仍然坚持下去；可是不知如何是好的猎手最终放弃了这没完没了的来回穿梭。蛛蜂走开了，于是蜘蛛的警报解除了，便耐心地等待冒冒失失的小苍蝇陷入罗网。要逮住这个令它垂涎欲滴的猎物，蛛蜂该怎么办呢？它必须钻进这个绿叶卷成的圆筒，直接到蜘蛛家里去捕猎，而不是待在外头，从这个门走到另一个门。它是这样的敏捷，这样的灵巧，在我看来，它要进攻是万无一失的，因为蜘蛛走动起来样子笨拙，有点像螃蟹似的往一边斜。我认为发动攻击轻而易举，蛛蜂则认为非常危险。今天我同意它的看法了，如果它钻进树叶卷成的圆筒里去，主人就要戳它的颈部，结果猎手就会成了猎物。

岁月年复一年地过去，而蜘蛛的麻醉师总不肯吐露它的秘密。我时机不巧，没有空闲，为生活烦忧。居住在奥朗日的最后一年，终于出现了一线光明。我的花园的围墙是一堵旧墙，年久失修，乌

类石蛛

黑破烂，在墙上的石头缝里住着一群蜘蛛，尤其是"恶毒的黑家伙"。它就是类石蛛。它浑身透黑，只有螯肢是漂亮的金属绿色。它那两把有毒的匕首，似乎是在青铜上精雕细刻出来的工艺品。在整垛被遗弃的墙上，任何一处安静的角落，任何一个指头大的洞，都有类石蛛在里面定居。它的网是一个喇叭口很大的漏斗，喇叭口有一个墙角那么宽，摊开在墙面上，一些辐射的丝把网固定在墙上。在这个锥形纱网后面是一根深入到墙洞里的管子，管子的尽头是蜘蛛的饭厅，蜘蛛躲在里面从容不迫地咀嚼抓来的猎物。

蜘蛛的两条后腿伸到管子里面撑住，其余六条腿在洞口张开，以便更好地感觉四周的动静以及猎物到来的信号。类石蛛趴在漏斗的颈口一动不动，等待一只昆虫陷入到陷阱中。大苍蝇、尾蛆蝇冒冒失失地把翅膀轻轻地擦到蛛网的丝上，结果成了它的家常便饭。一发觉被缠住的双翅目昆虫在乱扑腾，蜘蛛便跑过去甚至跳过去。

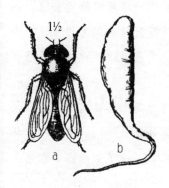

a. 尾蛆蝇
b. 尾蛆蝇幼虫

在跳过去的时候，类石蛛从纺丝器里拉出一根丝来，一头则固定在丝管上，这样它就不会在一跃而起时落到垂直的平面上去。尾蛆蝇的头的后部被咬了一下立即就死了，然后蜘蛛把它运到自己的窝里去。

采用这样的方法和这样的捕猎器械，埋伏在丝洞底部，借助环状的丝网，身后系着一条安全带使得猎手可以纵身一跃而不会掉下去，类石蛛便可以捕着进攻性像尾蛆蝇那么强的猎物。据说它见到胡蜂也不会胆怯，虽然我没有试过，不过我很乐意相信，因为我对于蜘蛛的大胆早已有所了解。

蜘蛛的大胆得助于毒汁的效力。只要见过类石蛛捉住某种大块头的苍蝇，就会相信它的螯牙戳到昆虫颈部所产生的立即致命的效果。被缠在丝漏斗中的尾蛆蝇的死亡，进入狼蛛洞穴的熊蜂的暴卒，杜热①的研究，使我们了解了它的毒汁在人身上的效果。听听这位勇敢的实验者是怎么说的吧。他说：

恶毒的黑家伙或者类石蛛以毒性猛烈著称，被我选来做主要的实验。它从螯肢到纺丝器有九法分②长。我用手指抓住它的背部，把它的腿折叠收拢在一起，必须这样逮活蜘蛛才不会被戳伤，而且既能够抓住它又不会把它弄得断胳膊少腿的，把它放在各种东西上面；在我的衣服上，它没有表现出要伤害我的意图，但是我刚刚把它放在前臂裸露的皮肤上，它那粗壮有力的金属绿色螯肢就咬住了皮肤，把它的螯肢深深戳了进去。虽然我已经松开手指放掉它，可它仍然吊在我的皮肤上；然后它松开螯肢，掉了下来，逃走了。它在我的胳膊上留下两处彼此距离两法分的小伤口，伤口发红但几乎没有流血，四周有点淤斑，就像被一根粗大头针戳了一下似的。

在被咬的时候，感觉强烈，完全可以用上疼痛这个词，而且痛感持续五六分钟，不过很快就没有开始那么疼。我可以打这样的比方，就像是被称为"烧灼的"荨麻戳了一下似的疼。在两个

① 杜热（1826—1910）：墨裔法籍博物学家。——校注
② 法分：法国古长度单位，1法分约合2.25毫米。——校注

伤口四周几乎立即出现泛白边，在白边周围，半径约一平方法寸的面积内出现了丹毒般的红斑以及十分轻微的肿胀。过了一个半小时，一切都消失了，像小伤口那样的螫痕一直存在好几天。当时是九月，天气有点凉爽，如果在热一点的季节，症状可能会更强些。

类石蛛的毒汁效果并不严重，不过螫刺很有力，就像被什么戳了一下引起剧疼和带有丹毒红斑的肿胀。虽然杜热的实验使我对自己感到放心，类石蛛的毒汁对于昆虫仍然是可怕的，这或者是因为牺牲品的体积小，或者是因为这种毒汁在与我们不同的机体上具有特殊的效果。有一种蛛蜂在力气和大小方面远不及类石蛛，可它却敢于跟类石蛛作战，而且能够战胜这个令人望而生畏的猎物。它便是尖头蛛蜂，它几乎不比蜜蜂长，但纤细得多。它浑身上下一般黑，翅膀颜色深些，末端透明。我特别留意观察它到住着类石蛛的旧墙进行远征的情况，在炎热的七月里，我用了整整几个下午耐心地观察它，因为捕捉猎物是充满危险的行动，蛛蜂要花很长时间才能完成。

蜘蛛的捕猎者仔细地搜索墙壁；它跑啊，跳啊，飞啊；它来回走动，走过去又走过来；它触角颤动，翅膀收拢在背上，不断地互相拍打。看啦，它来到类石蛛的漏斗附近了。就在这时，原先一直看不见的蜘蛛出现在管子的入口，它伸开前面六条腿准备迎战猎手。蜘蛛看到这可怕的敌人出现，不但没有逃走，反而毫不畏惧地盯着正在虎视眈眈地搜寻它的对手。面对这睥睨一切的神态，蛛蜂后退了。它仔细观察，绕着它觊觎的猎物转了一会儿，然后走开，不敢动手。蛛蜂走了，类石蛛倒退着返回自己的家里。蛛蜂第二次走到一个住着蜘蛛的漏斗附近，保持戒备的蜘蛛立即出现在门槛上，身子一半探出管子，做好防御，或许也是进攻的准备。蛛蜂走开了，于是类石蛛又回到它的管里去。警报又响起来，蛛蜂又来了，蜘蛛又表现出咄咄逼人的态势。过了一会儿，它的邻居更出色：当猎手在漏斗附近转时，它突然从管子里跳出来，身后的纺丝器上系着一根安全带，即使失足也不会掉下来；它一纵身扑到离洞口20厘米的蛛蜂跟前。蛛蜂似乎吓坏了，立即拔腿溜走；而类石蛛也同样迅速地往后一退返回自己的家。

我承认，这是一种奇怪的猎物，它不躲藏却急于公开露面，它不逃走却扑到猎手跟前。如果观察就到此为止，我能够说谁是猎手，谁是猎物呢？难道我们不会可怜那只鲁莽的蛛蜂吗？要是它的腿被蜘蛛网的一根丝缠住，它就完蛋了，对手就会扑上去把匕首插进它的颈子。那么它究竟采取什么办法来对付一直保持着警惕，做好防御准备而且勇于大胆进攻的类石蛛呢？我如果对读者说我对这个问题很感兴趣，整整几个星期都在这愁惨的墙前凝视，读者会不会觉得奇怪呢？

我好多次都看到蛛蜂向蜘蛛的腿扑去，用螯肢咬它的一只腿，使劲要把它从管子里拖出来。这是猛地一纵，出其不意的偷袭，时间非常短，蜘蛛根本无法躲避。幸亏蜘蛛的两条后腿紧紧钉在房子上，它惊得一跳就脱身了，因为蛛蜂被这么一震急忙松开了嘴；如果蛛蜂仍然咬住不放，那它自己就要不妙了。这次进攻没有奏效，蛛蜂就到别的漏斗网去重新开始；它一直要等到对方的惊慌平静些时，再到刚才那个漏斗那里去。它还是跳着飞着，在漏斗入口转悠，类石蛛就在那儿伸开前腿监视着它。它窥伺着有利的时机，跳起来，抓住一条蛛腿，把蜘蛛往外拉并跳到一旁。蜘蛛常常会拼死抵抗，有时蜘蛛被从管子里拉出了几法寸，但它立即又回去了，无疑这是得力于安全带没有断掉的缘故。

蛛蜂的意图是显而易见的，它要把蜘蛛从碉堡里赶出来，把它扔得远远的。坚持到底就是胜利，这一次行了，蛛蜂这一纵非常有力而且算得很准，把类石蛛拉出来了，它立即就让蜘蛛躺倒在地上。蜘蛛因为摔到地上吓得晕头转向，而且一旦走出埋伏地就丧失了斗志，就不再是刚才那个勇敢的斗士了。它把腿收拢起来，蜷缩在土缝里。猎手立即来到那儿，给被赶出窝的蜘蛛动手术。我几乎还没来得及走近看这出戏，蜘蛛胸部被蜇了一下，已经瘫痪了。

总之，这便是蛛蜂不择手段的奸诈手法。如果它到类石蛛的家里去进攻，它就有死亡的危险；蛛蜂完全明白，所以它决不干这种鲁莽的事；它也知道，蜘蛛蹲在自己的漏斗网中心时的确英勇无比，可是一旦从窝里被撺出来，就变得胆小怯懦。所以，蛛蜂的全部作战策略就在于把蜘蛛从窝里赶出来，剩下的就不言而喻了。

捕捉狼蛛的猎手应该也是这么行事的，我脑子里出现了这样的情景：在它的同行尖头蛛蜂的启发下，环带蛛蜂阴险地在狼蛛的城堡四周转悠。狼蛛从地道尽头跑出来，以为一只猎物走近了；它登上垂直的管子，把前腿伸出准备跳出来。可是跳起来的是环带蛛蜂，它抓住一条腿，把狼蛛拉出来扔到洞外。这么一来，狼蛛就成了一只怯懦的猎物，听任别人用匕首戳它，而没有想到使用自己带毒的螯牙。诡计战胜了力量。当我想抓狼蛛时，我把一根小穗伸进窝里，轻轻地把狼蛛拉到门口，然后猛地一甩把它扔到洞外。比起我的诡计来，蛛蜂的诡计一点也不逊色啊。不管是昆虫学家还是蛛蜂，最主要的是要使狼蛛离开它的碉堡，再去抓它就不困难，只要让被赶出窝的蜘蛛深深受惊就行了。

从我叙述的事实中，蛛蜂的狡诈和蜘蛛的愚蠢，给了我强烈的印象，有人说，蛛蜂先把猎物拉出窝，然后再毫无危险地麻醉猎物，这种明智的本能是逐步获得的，因为这对于它的后代非常有利。我很乐意接受这样的说法，如果有谁愿意向我解释，天赋的智力不弱于蛛蜂的类石蛛，既然自己这么久以来一直是受害者，为什么还不知道挫败蛛蜂的诡计呢？类石蛛要怎样才能逃脱要把它灭绝的敌人呢？什么都不必做，它只要回到管子里去就行了，而不要每当敌人从附近走过时，都到门口站岗放哨。我承认，它是非常勇敢的，但是这也太冒险了。它把腿伸到洞外，既为了防御也用于进攻，可蛛蜂会向它的一条腿扑去，被攻者会由于自己的大胆而送掉性命的。这种姿势用于等待猎物是好的，但是蛛蜂不是猎物，它是敌人，而且是最可怕的敌人，蜘蛛不会不知道，可是它看到蛛蜂时，它不是勇敢地坚守阵地，而是愚蠢地跑到门槛上去，它为什么不退到对手不会来攻击的碉堡的尽头去呢？一代代积累的经验应该教会它这种战术的，这种战术虽然很简单，可对于种族的繁荣却具有无法比拟的好处。如果蛛蜂完善了它的进攻方法，为什么类石蛛不也完善它的防御方法呢？难道是千万年的时间使一方产生有利的变化，却没有使另一方变化吗？关于这一点，我弄不明白究竟是怎么回事。我十分天真地对自己说："既然必须有蜘蛛给蛛蜂吃，所以在任何时代，蛛蜂都是那样诡计得逞，能够耐心等待，而在任何时代，蜘蛛也都表现出那样愚蠢的勇敢。"有人会说，这种想法是幼稚的，不大符合当今那些流行理论，既没有客观又没有主观，既没有适应又没有分化，既没有遗传又没有变异，行吗？就算是这样吧，可至少我懂得这是什么道理。

我们还是回到尖头蛛蜂的习性上来吧。我没打算取得什么有意义的成果，我把蛛蜂和类石蛛放在一个大瓶子里。在囚居的状态下，掠夺者和猎物各自的才能似乎都休眠了。蜘蛛和它的敌人你逃我，我避你，都一样胆小。我轻轻地拨它们，让它们碰到一起。有时类石蛛抓住蛛蜂，而蛛蜂拼命缩成一团，根本没有想到使用它的螫针；类石蛛用腿揉搓蛛蜂，甚至把它夹在自己的钳子中，可是显得很勉强。有一次我看到蜘蛛仰卧在地，把蛛蜂往上顶，尽量远离自己点；它一边用前腿揉搓蛛蜂，一边用螯肢咬。蛛蜂或许是自己动作敏捷，或许是害怕蜘蛛，迅速地从那可怕的大颚下面钻出来，走远一点，似乎并不大担心它刚才受到的打击。它平静地刷刷翅膀，拉拉触角把它弄卷，用前跗节把触角压在地上。我抖动类石蛛，它在我的刺激下又进攻了十二次，可是蛛蜂总能逃脱那有毒的大颚而没有任何感觉，仿佛它是怎样也伤害不了似的。

　　蛛蜂真的是伤害不了的吗？完全不是那么回事，我们很快就能够看出来。如果说它安然无恙地逃脱了，那是因为蜘蛛没有使用它的弯钩。这有点像是暂时的停战，一种禁止进行致命打击的默契；或者不如说，由于身居囚室，士气低落，这两个对手不再有舞刀弄枪的好斗情绪。心境宁静的蛛蜂当着类石蛛的面继续大胆地蜷着触角，使我对这个囚犯的命运放下心来了；为了更安全起见，我丢了一个纸团给它，让它在夜里好躲在纸团里。它在纸团里安下身来，躲开了蜘蛛。第二天，我发现它死了。在夜里，具有夜生活习惯的蜘蛛恢复了勇气，把它的敌人戳死了。我早就猜想到了，角色会对换的！昨天的刽子手今天成了牺牲品。

　　我用一只蜜蜂来代替蛛蜂，两者单独相处的时间并不长。两个小时后，蜜蜂被蜘蛛咬死了。一只尾蛆蝇也是同样的命运。不过这两具尸体，类石蛛碰都没有碰一下，它也没有碰蛛蜂的尸体。似乎这位囚犯从事谋杀的目的，只是要摆脱掉一个不安分的邻居。也许当它有胃口的时候，这些牺牲品会派上用场？尸体没有派上用场，是我的过错。我在瓶子里放了一只中等身材的熊蜂，一天后，蜘蛛死了，可怕的牢友动手了。

关于这些决斗就讲到这里好了，在玻璃牢房里的决斗是不正规的，我前面曾把蛛蜂和被麻醉的类石蛛丢在墙脚没有谈下去，现在我用蛛蜂的故事来把决斗补充完整。蛛蜂把猎物丢在墙脚又回到墙上去。它巡视蜘蛛的一个个漏斗网，它在上面走起来就像走在石头上一样轻松自如；它视察丝管，把触角这个探测器伸进丝管里去；它毫不犹豫地钻了进去。它现在为什么有这样的勇气进入类石蛛的巢穴呢？刚才它极其谨慎，而如今它似乎不担心有什么危险。这是因为已经没有危险了。蛛蜂参观没有居民的住宅，当它钻进丝管里时，它很清楚那里连个虫影也没有，类石蛛如果在，早就出现在门槛上了。蛛网的丝在晃动而主人没有出来，便说明丝管无人居住，于是蛛蜂十分安全地进去了。我嘱咐未来的观察者，不要把现在这种寻找当作是狩猎的行动。我已经说过，现在再重复指出：只要蜘蛛在丝的埋伏圈里，蛛蜂是绝不会进去的。

在已经参观过的漏斗网中，它觉得有一个网更合它的意；在将近一个小时的寻找过程中，它多次回到这里来。在这期间，它还跑到躺在地上的蜘蛛那里去；它检查检查蜘蛛，轻轻拉到离墙近一点的地方，然后离开蜘蛛去辨认一下丝管，这个它最喜爱的东西。最后它又回到类石蛛这里来，抓住蜘蛛肚子的末端。猎物是那么重，它好不容易才能够在水平的地上搬动。墙离它有两法寸远，它费了好大的劲才到达那里；可是一旦到了，工作很快就完成了。据说大地之子安泰俄斯在与海格立斯①角力时，脚一接触土地就恢复了力气；墙之子蛛蜂每当它立足在这个砌体上，似乎力量就十倍增长。

看吧，蛛蜂的确高高举起它的猎物，它摇晃着庞大的猎物后退着走。由于石头墙面凹凸不平，它时而在垂直的平面，时而在倾斜的平面攀登。当它必须背朝下走才能越过缝隙时，猎物便在空间中摇晃。什么也不能阻止它前进，它一直在攀登，不择路径，也看不见目标，因为它是后退着走的，一直上到两米高的地方。那里有一个凸出的石块，这肯定是它事先侦察好的，那里是那么高，底下是看不到的，它必须不顾一切困难爬上去。蛛蜂把猎物就放在小石块上，这个它那么钟情地视察过的丝管就在两分米远的附近。它去到丝管那里，迅速检查一下，又回到蜘蛛那儿来，把蜘蛛运到管子里去。

过不久，我看到它又出来了。它在墙上这里找找，那里寻寻，找两三块相当大的灰浆，运去封门。工程完工后，它飞走了。

第二天，我去检查这个奇怪的窝。蜘蛛在丝管的尽头，四边不靠，就像在吊床上似的。蛛蜂的卵紧贴在上面，不过不是在牺牲品的肚子上，而是在背部中央。卵是白色的，圆柱形，有两毫米长。我看见它运来的那几块灰浆，只是用来非常粗略地把丝管尽头的丝房间塞一塞罢了。因此尖头蛛蜂把它的猎物和卵不是存放在一个它自己造的窝里，而是就放在蜘蛛的家里。也许这丝管就属于这个牺牲品所有，它既提供食物又提供住所。蛛蜂幼虫蜗居，就是类石蛛柔软的吊床和温暖的隐蔽所啊！

---

① 安泰俄斯：希腊神话中的利比亚巨人，海神波塞冬和大地女神该亚之子，他在与他人角力时一接触到他母亲，就能获得新的力量。　海格立斯：古希腊神话中的英雄，宙斯之子，以非凡的力气和勇武的功绩著称。——译注

现在我们已经看到，两个捕捉蜘蛛的猎手，环带蛛蜂和尖头蛛蜂，它们对矿工的职业并不在行，不费什么力气地把它们的后代安置在墙上随便什么洞里，或者就放在作为幼虫食物的蜘蛛巢中。在这些不费劲得到的蜗居里，它们用几块灰浆做个像是门的东西。但是我们不要一概而论，认为蛛蜂的窝都是

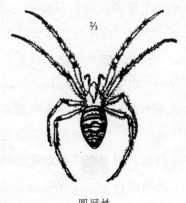

圆网蛛

这样草草率率的建筑物。有一些蛛蜂是真正的矿工，它们勇敢地在两法寸深的土里为自己挖一个窝，比如八点蛛蜂。它身着黑色和黄色的外衣，翅膀琥珀色，末端深色。它选择颜色很漂亮的大蜘蛛圆网蛛为猎物。圆网蛛潜伏在它们垂直的大网中心，等待猎物。关于八点蛛蜂的习性，我还不大清楚，无法进行描述；我不知道它的狩猎办法，但是我对它的窝却很熟悉；那窝，我从它开始建造，到造好，到封门都曾见过，都是按照掘地虫传统的办法造的。

第十三章 🐜 树莓桩中的居民

树篱荆棘丛生，枝丫滋蔓到路边，横行霸道。农夫在修剪篱笆时，在一些地上，把树莓的藤剪下来，而留下茎桩，茎很快就干枯了。这些由多刺的矮树丛遮蔽和保护着的树莓桩，许多膜翅目昆虫喜欢在那里安家。干枯了的桩头向善于利用者提供卫生的蜗居，在那里面，用不着害怕潮湿的树汁；茎的髓质柔软而且体积大容易挖凿；桩头就是一个开挖点，可以立即挖到阻力不大的茎脉，而不必从坚硬的木质表皮中开辟道路。因此，对于许多膜翅目昆虫，不管是采蜜者还是抢劫者，如果这种干枯的茎桩直径适合安家者的身材，那么这个发现是很有价值的；而且对于昆虫学家来说，这也是一个有意义的研究课题。他在冬天，手里拿着一把剪枝剪，就可以在篱笆下面扒来一捆柴，里面有许多令人叹为观止的巧妙工艺。很久以来，去浓密的树莓丛中查看，便是我在冬日闲暇时所喜爱的打发时间的好办法；尽管我皮肤被刺划破，可我经常会因为发现一个新的情况，看到一件不知道的事情，而得到补偿。

我的记录虽然远远谈不上完整，可是关于我家周围的树莓桩中的居民，已经记下了的就有30来种；其他一些比我更勤奋的观察者在别的地区，在比我的探索半径更大的范围内发现了50种。我在附注中列出了我认识的全部昆虫①。

这些昆虫的职业各不相同。有些昆虫比较灵巧，工具特别精良，把干枯截头里的髓质挖出来，造出一条圆柱形的垂直巷道，长度可达到将近半肘；然后把这个管子用隔板分成数量不等的楼层，每一层是一条幼虫的卧室。另外一些在力气和工具方面不如他人，便利用别人的巷道，这些巷道曾是别的建筑师的孩子的房子，用过后丢下来的。它们唯一的工作就是把破房子修一修，把巷道里堵塞的东西，如茧屑、坍塌下来的碎地板等等扒掉，最后，用一块黏土，或者用一滴唾液粘住髓质残屑做成的水泥来造几块新隔板。

这些层次不等的住宅很容易分辨。如果工人自己挖掘巷道，它很节约空间，它知道要获得这样的巷道要花多少力气；因此，巷道内的房间都是一样的，容积不大也不小，刚好够住。在这个花了整整几个星期勤奋劳动做成的管子里，必须能够住得下尽可能多的幼虫，同时又能给每个幼虫留下足够的空间。因此，楼层叠放的次序，彼此距离的节约，是绝对必须遵守的规则。

---

① 在塞里昂（沃克吕兹）郊区，居住在树莓桩中的昆虫：

1. 采蜜类膜翅目昆虫：三齿壁蜂（杜福尔和佩雷），啮屑壁蜂（佩雷），肩衣黄斑蜂（拉特雷依），红黑孔蜂（佩雷），钝叶舌蜂（谢内克），金色芦蜂（热尔米），白唇芦蜂（法布尔），硬皮芦蜂（法布尔），蓝芦蜂（维勒）。

2. 捕食类膜翅目昆虫：流浪旋管泥蜂（法布尔，以双翅目昆虫为食物），黑色旋管泥蜂（以蜘蛛为食物？），黑色柄泥蜂（以黑蚜虫为食物），制陶短短泥蜂（林内），蛛蜂（轶名，以蜘蛛为食物），海豚螺蠃（吉诺）。

3. 膜翅目昆虫的寄生虫：斑腹蝇（轶名），肩衣黄斑蜂的寄生虫；小个土蜂（轶名），小蠹，各种珠蟥的寄生虫；双点小蠹（格拉维），啮屑壁蜂的寄生虫；转纹小蠹（杜福尔），制陶短短泥蜂的寄生虫；占卜长尾姬蜂（罗西），中介长尾姬蜂（格拉维），异色泥蜂的寄生虫；比利牛斯蜂（热兰），赭色广宵小蠹（吉诺），三齿壁蜂的寄生虫。

4. 鞘翅目昆虫：带芜菁（法布尔）。

这些昆虫大部分都请波尔多理学院教授佩雷先生审过，我在此对他乐意帮助使我得以把它们确定下来，再次表示感谢。——原注

短翅泥蜂

但是如果膜翅目昆虫使用一棵别人挖的树莓桩，那么浪费情形就很明显。比如制陶短翅泥蜂，为了找个仓库来存放少量的蜘蛛，它用薄薄的黏土隔墙把借来的空心圆柱隔成大小不等的房间，有的房间长度约有一分米，适合幼虫居住；有的则长达两法寸。这些宽敞的大厅与居民完全不成比例，可以看出，这个侥幸的业主没花一点劲就得到了这笔产业，所以大手大脚，毫不在乎。

不管是亲自建造房子的匠人，还是把别人的建筑物修修改改的学徒，它们都有自己的寄生虫，这些寄生虫成为了树莓桩的第三类居民。这些居民不需要挖掘巷道，不需要储备食物；它们把卵产在别人的蜂房里，它们的幼虫或者吃合法业主储备的食物，或者就吃合法业主的幼虫。

在树莓桩中的所有居民中，就工程的精致和规模而言，占首位的要数三齿壁蜂，这一章我要专门谈谈它。它的巷道内径有一支铅笔粗，深有时约一肘长。巷道最初差不多完全是圆形，但是在储粮过程中由于不断的修整，略微有一些改动；不过，看它们挖巷道没多大意思。七月，三齿壁蜂在一节树莓上挖掘竖井，并相当深了，它便走下去扒几块髓质，然后背上来扔到外面去。这项单调的劳动一直持续到壁蜂认为巷道已经足够长，或者常见的情况是直至碰到一个木疤，过不去才停下来。

随后是储蜜、产卵和封房，壁蜂从洞底到洞顶一个蜂房一个蜂房地做这些精细的工作。在巷道尽头放着一堆蜜，卵就产在蜜堆上；然后造一个隔墙把这个房间跟下一个房间隔开来，因为每只卵应该有自己独居的卧室。卧室长约1.5厘米，跟隔壁的卧室完全隔离。隔墙的材料是树莓髓质残屑，壁蜂的唾液腺吐出一种汁液把残屑粘起来。材料从哪里获取呢？壁蜂是到外面地上把它挖掘竖井时扔掉的废物收集起来吗？它对于时间是十分节约的，它不是去捡起散落在地上的碎片，而是干得更巧妙。我说过，巷道起初十分挺拔，有点像空心圆柱；巷道壁还保留着一层薄薄的髓质。这就是壁蜂的储备物，它是有预见的建筑师，把这些髓质预先留下来准备造隔墙。它用大颚尖在巷道壁上刮削，刮削长度是确定的，它严格按照下一个卧室的长度刮削，但中间部分刮得宽两端刮得窄。被刮削部分成了一个卵球形的空腔，一个小木桶状的空间，这空间将作为第二个蜂房。

刮削出来的髓质，它就地利用来造隔墙，隔墙既是前一间蜂房的天花板，又是下一间蜂房的地板。我们的地产商在有效利用劳动者的时间方面，也许组织工作还没有它做得好呢。另一份蜜浆口粮就放在这样做成的地板上，一只卵就产在蜜浆的表面上，最后在小木桶上方，用从第三间蜂房的壁上刮下的髓质垒了一扇隔墙，封好第二间蜂房。壁蜂就这样一间房一间房地继续下去，每一间房向下一间房提供造隔间壁板的材料。到达竖井的末端后，壁蜂用一大团跟做墙壁一样的灰浆把管子封住，然后它就跟这段树莓桩没有关系，再也不会回来了。如果卵巢里还有卵，它又去开发其他干枯的树桩。

根据树桩的质量，蜂房的数目差别很大。如果树莓桩长，整齐，没有木疤，房间会有15间，这是我观察到的最大的数目。为了看清楚蜂房间的结构，冬天，当食物已经吃完，幼虫包在茧里的时候，我把树桩竖直劈开，看到管子内部等距离略微收缩，收缩处嵌着一个厚度为一二毫米的圆盘。这些圆盘隔墙所隔开的房间像一个个小木桶，里面放着一只红棕色半透明的茧，茧里的幼虫弓着身子像个钓鱼钩。整个蜂窝就像一条由削平的椭圆形珠子串起来的大琥珀念珠。

在这串由茧组成的念珠里，哪个茧年纪最大，哪个茧最年轻呢？年纪最大的显然是在尽头的那个茧，第一间蜂房里的茧；最年轻的则在最高处，位于最后一间蜂房里。最年长的先堆积在巷道底，最年轻的在上端断后，其余的则根据年龄，一个接着一个，从底部排到顶端。

我看到，在巷道里，在同一高度没有地方同时供两只壁蜂居住，因为每个茧都填满了属于它的那个楼屋，那个小木桶，没有留下空隙；我还注意到，壁蜂羽化之后，必须全都从树莓桩那个唯一的孔口里出去，孔口开在桩头高处。那里只有一个可以容易克服的障碍，一个唾液黏结的髓质塞子，壁蜂的大颚很容易把它解决掉。在巷道下端，树桩中没有任何事先准备好的道路；而且树桩通过树根无穷无尽地一直延伸到地下；其他地方到处都是木质的围墙，太硬太厚也无法凿穿。因此，所有的壁蜂在离窝的时刻，不可避免地都要从顶部出来。如果下层蜂房的壁蜂先出窝，由于过道狭窄，只要上层的壁蜂待在原地不动，它就无法通过，所以搬家必须从上面开始，从上到下，一个房间一个房间地直至底部。因此，出去的顺序跟出生的次序相反，最年轻的壁蜂最先出去，最年长的最后出去。

处于底部的壁蜂大哥第一个吃完蜜浆、织好茧，它羽化得比弟弟妹妹们都早，第一个咬破丝囊，摧毁卧室的天花板。至少根据事物的逻辑，我是这么预料的。它急不可耐地要出去，那么它要想解放自己该怎么办呢？道路被别的茧堵住，而这些茧还完好无损呢。用武力戳个洞穿过这些茧桶，那就会要了这一窝其余壁蜂的命；结果一只壁蜂的解放却毁灭了所有伙伴。壁蜂为了走出囚牢，会不惜一切手段吗？如果管子底部的壁蜂想离开，它会顾惜阻碍它的姐妹吗？

困难是巨大的，而且似乎是不可克服的。于是我产生了一个怀疑，出茧或者说羽化是不是按照长幼的次序进行的呢？会不会由于一种的确很奇怪，但在这种条件下却是必要的例外，年纪最小的壁蜂最先咬破它的茧，而年纪最大的最后呢？总之，会不会羽化的次序跟年龄相反，从上一间卧室到下一间卧室这样一间间地传下去呢？如果是这样，一切困难都解决了；每只壁蜂在撕破丝质牢房时，面前的道路都畅通无阻，因为前面的壁蜂已经出走了。但是事情真是这样的吗？我们的看法往往跟昆虫的做法不相符合的；即使在我们看来十分符合逻辑的，在下断言之前也必须谨慎。

第一个研究这个问题的杜福尔就不是这样的谨慎。他向我们叙述一种赭色螺蠃的习性，这种昆虫把用土砌成的蜂房，堆积在一个干枯的树莓桩巷道里；杜福尔对于他那灵巧的膜翅目昆虫充满着热情，他说：

1½

赭色螺蠃

你怎么想象得出，八个水泥蛹室首尾相连，紧密地装在一个木匣子里，最下面的那个毫无疑问是最早造的，因此装着的卵是最早产下的，而根据通常的规律，应该是它最早羽化出第一只带翅膀的昆虫。我再重复一遍，你怎么想象得出，第一个茧的幼虫居然奉命放弃长子权，在它的弟弟妹妹之后才羽化呢？究竟需要有什么样的条件才会产生这种表面看来与自然规律完全相悖的结果呢？面对这个事实，收起你的骄傲，承认你的无知，而不要用无谓的解释来掩饰你的尴尬吧！

如果聪明的母亲产下的第一个卵，应该就是第一只孵化出来的幼虫，如果它想在长了翅膀后立即就看到光亮，那它就要具备这样的能力，能够在牢房的双重墙壁上打开一个缺口，或者是打开一个洞，穿过它前面的七个蛹室，然后从树莓桩的桩头出来。然而自然既没有赋予它从侧面逃走的手段，也不允许它强暴地直接挖洞，如果这样，为了仅仅一个孩子的性命，就不可避免地要牺牲同一家族的七个成员。母亲善于巧妙地制定计划，又有的是办法，它应该预料到一切困难并采取了预防措施；它要让第一个新生儿最后从摇篮里出来，最晚的新生儿给第二个开辟道路；第二个给第三个开辟道路，依次类推。事实上，我们树莓桩里的蜾蠃正是按照这种次序出生的。

是的，我尊敬的老师，我将毫不犹豫地同意，树莓桩的居民是以与年龄大小相反的次序，从它们的管子里出来，最年轻的最先，最年长的最后，即使不总是，至少通常是这样。但是，羽化，我所说的羽化，指的是从蛹室里出来，是不是也按这样的次序呢？年长的发育是否必须比年幼的慢，以便给挡道的同胞以解放自己的时间，从而留下自由通行的道路呢？我很担心，逻辑会使你的结论误入歧途而背离事实。亲爱的老师，从逻辑上来说，你的推论是很正确、很有力；可是我必须抛弃你提出的这种奇怪的颠倒说。我测试过的树莓桩中的几种膜翅目昆虫，没有一种是这样行事的。我本人对赭色蜾蠃一无所知，因为在我们地区似乎没有这种昆虫；但是在

蜂窝相同的情况下，出窝的方法应该是
差不多的，我认为只要对树莓桩中的某
些居民进行实验，就可以知道其他居民
的生活情况。

肩衣黄斑蜂

我专门挑选三齿壁蜂进行研究，因
为它强壮有力，在同一根桩中房间盖得
最多，更适合于实验室的实验。我首先想测试的就是羽化的次序。
我从一段树莓桩里取出来十个左右的茧，严格按照自然顺序叠放在一
个玻璃试管里。试管内径与壁蜂巷道相同，一端封闭，一端敞开着。
我是在冬天做的实验，这时幼虫早就封闭在丝袋里了。为了把这些茧
彼此隔开，我用做扫把的高粱秆切成圆薄片来做人工隔墙，薄片厚约
一厘米。隔墙材料是一种白色的髓质，外面的纤维层已经剥掉，壁
蜂的大颚很容易戳穿。我采用的横膈膜比自然的隔墙厚得多，是有
好处的，下面就可以看到。何况，要想使用更薄的可不容易，因为
这些圆薄片必须能够承受得住把它们一个个放进管子时的压力。而
且，实验表明，壁蜂在人造隔墙上很容易就打开了一个缺口。

为了避免光线进入，扰乱必须在完全黑暗中度过的幼虫期，我
用一个厚厚的纸套子套住试管。在进行观察时，套子可以容易地拿
掉和再套上。最后，我把这些管子口朝上垂直悬挂在实验室的角落
里，同一根树莓桩中的茧，按它们在巷道中的出生次序叠放，最年
长的在管子底部，最年轻的靠近管口；茧之间都用隔墙隔开；垂直
放置，头朝上；另外，我的办法还有一个好处，用透明的板壁来代
替树莓桩不透明的厚墙，我就可以一天又一天地在任何时刻观察壁
蜂羽化。

雄壁蜂在六月底，雌壁蜂在七月初撕破茧。这时，如果我想记

下正确的出生情况，就得加倍监视，一天检查好几次试管。我研究这个问题已经四年了，我见过不知道多少次壁蜂的羽化，因此我可以断言，一批壁蜂的羽化绝对不受任何次序的支配。第一个撕破的可能是管底的茧，上部的茧，中间的茧，或者任何部分的茧。第二个撕破的茧或者靠近第一个，或者跟第一个或前或后隔开好几行。有时同一天，同一小时羽化出好几只，有的住在最底部，有的住在最上面的房子里，并没有显示出理由可以说明为什么这样同时羽化。总之，羽化相继而来，我不说是随意的，因为每只蜂的羽化都有确定的时间，虽然原因无法弄清楚；但壁蜂的羽化却出乎我们判断之外，因为我们的判断是基于某种逻辑推理的。

如果我们不是受某种过于狭隘的逻辑欺骗，也许我们会预感到这种结果。那些卵是产在各自的蜂房里，间隔时间相差不了几天、几小时，年龄的这么一点点先后，对于一年后的羽化会起什么作用呢？这跟精确的数学并没有关系。每个胚胎，每只幼虫，有它自己的能量，一个胚胎和另一个胚胎，一只幼虫和另一只幼虫，能量都不相同，我不知道这是怎样确定出来的。如果某个胚胎得天独厚，还在卵巢时就得到了赠品，因此生命力强一些，那么它难道不会在羽化时，使最年轻的先于年长的，或者年长的先于最年轻的吗？在母鸡孵的蛋中，难道年长的真的总是第一个孵出来？与此同理，住在底层、年纪最大的幼虫并不一定会先于其他幼虫老熟。

如果我们对这个问题考虑得更成熟些，那么另一个理由便会动摇我们对于数学般严格的次序的信念。在一截树莓桩中，一窝茧的念珠串里既有雄的也有雌的，两者在整个窝中的分布是随意的。然而，膜翅目昆虫中，雄虫通常都要比雌虫早羽化。三齿壁蜂的雄蜂大约提前一个星期，因此，在一条人口众多的巷道里，总有一定数量的雄蜂羽化时间要比雌蜂提前八天，而这些雄蜂在窝里是散布在各处的，羽化根本不可能从一个方向或者从相反方向有规则地逐步进行。

我的推测是符合事实的，蜂房建造的时间先后，丝毫不能告诉我们羽化的时间先后，羽化的时间在整个窝中是没有任何次序的，并不存在像杜福尔所说的放弃长子权的问题；每只壁蜂并不追随别人，而是在各自的时间咬破它的茧。为什么是在这个时间，原因我们并不清楚，不过无疑应该追溯到卵上面来。我曾对树莓桩中的其他居民，比如，啮屑壁蜂、肩衣黄斑蜂，等等，进行了同样的实验，它们的行为也是这样；因此赭色蜾蠃也应该是这样的，因为这些蜂儿极其相似。可见，使杜福尔如此惊奇的奇怪例外，只是从逻辑出发的一种纯粹幻想罢了。

排除一个差错等于获得一个真理；可是如果只局限于此，我的实验结果就没有多大价值。在破坏之后，设法来建设吧，也许对于破灭的幻想，我会找到补偿的。我先看看出口处吧。

出茧的第一只壁蜂，不管它在窝中的位置如何，都立即去啄天花板，在天花板上挖一个轮廓分明的锥形洞口，洞口底宽顶窄。出口大门的这种形状，完全是由壁蜂的挖掘方式所致。壁蜂在试图啄开天花板时，开始是随意挖；然后，随着挖掘的进展，便集中于一个工作面上，工作面逐渐缩小直至洞口正好够它通过。锥形洞口并不是壁蜂所特有的；我利用高粱髓质做的厚厚的圆隔墙，就曾见过树莓桩中的其他居民也开凿这样的洞。在自然条件下，因为蜂房上部很小，几乎只有昆虫所需要的宽度，而且隔墙非常薄，所以隔墙被彻底破坏了。锥形缺口对我来说是很有用的，宽的底部使我可以不必花力气，就可以看到相邻的两只壁蜂是哪只凿开隔板的；它会告诉我夜间的搬家是从哪个方向进行的，因为我看不到。

　　第一只羽化的壁蜂，不管位置在哪里，都在天花板上凿了洞。现在它遇到了下一个茧，头部在洞口处。面对着弟弟或者妹妹的摇篮，它十分谨慎，通常都会停下来退回到自己的房间去，在破碎的茧屑和天花板掉下来的残片中转来转去；它等了一天，两天，三天，如果需要，等的时间更长些。如果不耐烦了，它就试图在巷道壁和挡道的茧之间钻过去，它甚至顽强地去咬啮内壁以尽量扩大间隙。在树莓桩内的巷道中，我可以从一些地方看出它的这种企图，那儿髓质被磨掉直至木头，而且木纤维墙壁也被咬啮了许多。侧面被咬啮的地方，事后可以辨认出来，可在当时却看不出，这一点是用不着多加说明的。

　　要想看到壁蜂咬啮内壁，必须把玻璃仪器作些许改动。我在玻璃管内部加上一层灰色的厚纸，不过这纸只盖住一半管壁；另一半仍然裸露，使我可以观察壁蜂的尝试。看吧，这个囚犯对这个纸夹层发起猛烈的进攻了；它一小片一小片地把纸撕下来，拼命在茧和玻璃管之间开辟一条道路。雄蜂个子小些，比雌蜂易于成功。它扁着身体，尽量收缩，把茧挤得稍微变了形，钻进狭窄的隘路，终于进入到了下一个蜂房。

　　只要树莓桩中的圆井条件许可，雌蜂在急于出去时也这么做。但是第一个茧绕过后，前面又出现了另一个茧，它又要开路。如果壁蜂能够做到，都是这样绕过去的，直至精疲力竭。我的那些隔墙太厚，而雄蜂太弱，无法走得远。如果它们能够戳通第一层，这就是它们最大的本事了，何况连这它也不是都能做到的。但是，故居在树莓桩中，它们只需要戳通阻力不大的横膈膜，那么它们就像我说的那样，在茧和迫于时势而略加啮啮的墙壁之间穿行。它们能够绕过还有茧的蜂房而率先走到外面来，而不管它们的房间原来是在第几层。很可能是由于它们羽化得早，才迫使它们这样出窝。这种方式尽管经常尝试，但并不是都能成功。雌蜂拥有强有力的工具，在玻璃管里前进得远些，我曾见到有的戳破了三四个隔墙，越过了它前面好几层的茧。在长时间的劳动中，有些比较靠近洞口房间，已经开辟了一条通道，以后从底层来的就可以利用。在管子的宽度允许的情况下，一只在比较底部房间的壁蜂，是有可能这样首先从管子里出走的。

树莓桩内的管道直径跟茧的直径一般大，我认为在这样的管道里，从立柱侧面钻洞逃出去的办法是不大可行的，除非少数雄蜂；而且墙壁上还得有相当丰富的髓质才行，因为只要去掉这髓质就可以打开一条狭窄的通道。现在假设一根管子相当狭窄，卧室在下面的壁蜂不可能提前出窝，会发生什么情况呢？很简单，刚刚羽化并戳破了自己房间的天花板的壁蜂，发现前面有一个完好无损的茧把道路堵住了，它在侧面试了几下，知道无能为力，便回

1½

壁蜂

到自己的房间日复一日地等着，直至它的邻居也把茧戳破。它的耐心是无论如何不会消失的。另外，它经受考验的时间并不长，因为在一个星期左右的时间内，所有雌蜂都羽化了。

如果相邻的两只壁蜂同时获得自由，彼此就会穿过连接两间房间的洞互相拜访。上面的壁蜂到下层来，下面的壁蜂到上层去；有时，两只壁蜂待在同一个房间里。相互往来不会振奋它们的精神，使它们有耐心吗？在这期间，这里几只壁蜂，那里几只壁蜂，穿过把它们隔开来的墙壁把门打开了；一段一段的路打通了，然后领头

者出窝的时刻到了，其他的如果已经准备就绪也跟着出来；但是总会有一些落后的，结果位置在最底下的一直要等到别的都出来后才能出去。

总之，一方面，羽化是丝毫没有次序的；另一方面，出窝又是按从上到下的次序。这个规则只是由于上一层楼房还没腾空，壁蜂无法前进的缘故；树莓桩中并不存在特殊的与年龄相反的羽化，只是因为无法从别的地方出去而已。如果有可能提前出去，壁蜂一定会利用这个可能性的；等得不耐烦的壁蜂从侧面溜过去从而前进了几步，甚至最幸运的终于得到解放。最令人惊奇的是，壁蜂对身旁还没有打开的茧根本碰都不会去碰一下，它再怎么急着出去，也不会用自己的大颚去咬别的茧；这茧是神圣不可侵犯的。壁蜂会把隔墙摧毁，会顽强地咬啮墙壁，直至见到木头；可是向挡路的茧进攻，绝不会，永远不会。咬破弟弟妹妹的茧给自己打开一个洞口，这是不允许的。

真的，壁蜂真有耐心。挡住道路的障碍有可能永远不会消失，有时在一个蜂房里，卵没有孵化；于是食物干燥，发霉，变成一个黏糊糊且密实的塞子，下一层的居民不可能从那儿打开一条通道。有时幼虫还会死在茧里头，它的摇篮变成了棺材，成为永远的障碍。在这些严重情况下，壁蜂怎么办呢？

在我收集的所有树莓桩中，有一些令人瞩目的特点。除了上部的洞口外，在侧面还有一个，两个圆洞好像是用冲头钻开似的。我打开这些树桩，看看为什么会有如此奇特的窗户。在开窗的蜂房里，堆着一堆发霉的蜜。卵死了而食物还没动过，因此，要从通常的道路出去是不可能的。下一层的壁蜂由于这个无法穿越的塞子而被关在家里，便从管子的侧部挖一条出路，而在更下面几层的壁蜂便利用了这个天才的革新。既然通常的门出不去，它便用大颚在侧面咬出一扇窗户来，已经撕破的茧还留在下一层的房里。对这种奇特的出窝方式，我不会有丝毫的怀疑。在其他三齿壁蜂筑窝的树莓桩中，我也看到了同样的事实，甚至在肩衣黄斑蜂的窝里也是如此。

观察到的事实有必要用实验加以证实。为方便壁蜂凿洞，我选了一截内壁尽可能薄的树莓桩，我把树桩一劈为二，把茧取出来，再把劈成两半的树莓桩内部细心地刮干净，做成一个内壁平坦的小沟，我可以据此判断未来茧羽化的情况。然后我把茧整齐地排在每一个小沟里，用高粱秆圆片把茧隔开，圆片的各面都涂上一层封蜡，壁蜂的大颚是无法咬破这种材料的。我把两个小沟对在一起，用绳子捆住，用填料糊住接缝，不让任何光线透入内部；最后把实验仪器垂直悬挂起来，茧头朝上。现在除了等待外，没有别的事好做。没有一只壁蜂可以用常规的方式出去，因为它们被关在涂着封蜡的两个隔板之间。为了走出黑暗的牢房，它们只有一个办法：每只壁蜂在侧面为自己开一扇窗户，如果它们有这样的本能和这样的能力的话。

七月，实验的结果出来了：20只壁蜂囚徒，有6只在内壁上凿一个圆洞出来了，其他的无法解放自己，死在了它们的房子里。但是打开这个圆柱体，把这两个木头做的小沟分开时，我发现所有的壁蜂都曾经试图从侧面逃走，每间房子的内壁上都有咬啮的痕迹，而且都集中在某一点。由此可见，所有的壁蜂都跟它们那些比较幸运的兄弟姐妹一样奋斗过；它们之所以没有成功，那是因为它们力气不够。在玻璃仪器里，管内一半高度处包着一层灰色厚纸，我也经常看到壁蜂企图在侧面开凿窗户，纸上被戳了一个圆洞。

还有一个结果我很乐意记下来，以说明树莓桩居民的生活史。如果壁蜂、黄斑蜂或别的昆虫无法从平常的道路出去，它们便作出一个大胆的决定，从侧面凿开管子。这是最后的办法，是在尝试了其他一切办法都行不通之后，才决定采取的办法。勇敢的、力气大的成功了；弱小的因过度劳累而死了。

　　壁蜂的本能会从侧面凿洞，假设所有壁蜂的大颚都拥有从事这样的工程所需的力气，那么通过一扇专门的窗户从每个蜂房出去，显然比从通常的门出去要方便得多。壁蜂一旦羽化出来就可以着手解放自己，而不必推迟到它前面的壁蜂出去之后；可以避免长时间的等待，而等待对于它来说往往是致命的。在树莓桩里，我常常看到许多壁蜂死在它们的房间里，因为上面几层的壁蜂还没有及时走开。是的，侧面开洞的办法好处极大，它使每个居民不必受制于邻居会有什么意外发生，许多本来不该死的死掉了。所有受情况所逼的壁蜂，最后都会采取这种杰出的办法；所有的壁蜂都有从侧面凿洞的本能；但是办到的很少，只有得天独厚者，最有坚韧精神和最强壮者才会成功。

　　如果优胜劣汰这个据说是支配和改造世界的著名定律言之有据，如果最有天赋的真的把最没有天赋的，从世界舞台上排除掉，如果未来是属于最强者、最有技巧者；那么壁蜂家族自从它们在树莓桩里挖洞以来，本应该让那些固执地要从通常的出口出去的弱小者死掉，只留下善于从侧面凿洞的强有力者，难道不该这样吗？为了物种的昌盛，需要有长足的进步；壁蜂接触到了，可是它无法穿过那条把它隔开的狭窄的线。诚然，优胜劣汰需要时间进行选择，可是，即使有几只获得成功，失败的却占多数，而且多得多。强者的子孙并没有使弱者的子孙消失，相反它们仍然是少数。优胜劣汰理论的巨大意义给我留下了强烈的印象，但是每当我想把这个理论应用于观察到的事实，它却使我空忙一场，而得不到任何证据来解释实际的情况。优胜劣汰在理论上是宏伟的，可在事实面前却是装着空气的球，它庄严无比却没有什么价值。那么关于世界的这个谜，谜底在哪里呢？谁知道？谁有可能知道呢？

空洞的理论无法消除蒙昧无知，我们不要因此再耽搁了；还是回到事实上来，回到朴素的事实，回到脚下唯一不会坍塌的土地上来吧。壁蜂不去侵犯相邻的茧，它是如此谨慎，在试图从茧和内壁之间溜过去，或者从窝的侧面打开出路却劳而无功之后，它宁愿死在自己的房间里，也不愿用暴力挖洞，从那些有茧的房间里穿过。可是如果挡道的茧里面装着的是一只死的而不是活的蛹，壁蜂是否也是这样呢？

我在玻璃管子里，一层放着装着活蛹的茧，另一层放着蛹因硫化碳的蒸汽中毒窒息致死的茧，两者彼此交替着放置，各层间仍然是用高粱秆圆片隔开。在羽化时，那些与世隔绝者并不会长时间犹豫不决，它们一戳破自己的茧，就向死茧进攻，从这些茧中间穿过，把已经干瘪的死蛹踩得粉碎；它一路上把一切都弄得乱七八糟，最后终于出去了。可见，它对死茧是不会留情的，它对待这些死茧就跟对待其他一切障碍一样，用大颚咬碎。对于壁蜂来说，这些死茧只是个必须推翻的路障，没有什么好顾惜的。这些茧的外表毫无改变，壁蜂是怎么知道里面装着的是死的而不是活的蛹呢？它肯定不是靠视觉。是靠嗅觉吗？我对于这种嗅觉总是有点不相信，我不知道它的嗅觉器官是在哪里，可人们动辄就把嗅觉搬出来，十分方便地解释那些我们也许根本无法解释的事情。

现在我在管子里全部放上装着活蛹的茧。显然，我不能用同一种昆虫的茧，这类实验我已经做过，我必须用两类不同昆虫的茧，这些茧在树莓桩中羽化期是不相同的。另外，这些茧的直径应当大致跟三齿壁蜂的茧相同，以便放到管子里去后不会在内壁留下空隙。我挑选的昆虫，一种是流浪旋管泥蜂，在六月底，树莓桩中有很多；另一种是啮屑壁蜂，它出来得早一些，在六月上旬。我在一些玻璃管里或者在劈成两半再合起来的树莓桩里，交替着一层放啮屑壁蜂的茧，一层放流浪旋管泥蜂的茧，最上面一层放置旋管泥蜂茧。

　　混居的结果令我十分惊讶，壁蜂羽化早，从茧里出来了；流浪旋管泥蜂的茧以及茧中的居民却成了碎块，成为齑粉，若不是到处都有这些不幸者的头，我都差点认不出它们了。可见，壁蜂对别种昆虫的活茧是不会留情的；为了出去，它从挡在中间的流浪旋管泥蜂的身体上踩过去。我说什么，从身体上踩过去？才不呢，它就从流浪旋管泥蜂中穿过，用大颚把这些晚熟者咬得稀烂，它对待这些昆虫就像对待我的高粱秆横膈膜一样随意咬啮。可是，这些路障毕竟是活的！壁蜂出去的时候到了，它就这么闯过去，把它路上的一切东西都消灭掉。动物对于不是它的或者它那个种族的东西，是完全不在乎的，这便是一条我们至少可以信得过的法则。

　　嗅觉呢，嗅觉不是能够把死的和活的区别开来吗？这儿全是活的呀，可是壁蜂就像在一串死尸中钻洞一样。如果有人说，流浪旋管泥蜂的气味可能跟壁蜂的气味不同，那么我就要回答说，昆虫的嗅觉灵敏得简直超过了我认为可以接受的程度。那么，对于这两种事实我是怎么解释的呢？解释！？我是没有什么好解释的！我可以很容易地承认自己的无知，这至少可以使我免于空话连篇地乱说一气。我不知道在漆黑的巷道里，壁蜂是怎么区别同类的死茧和活茧的；我也不知道它怎么能够辨认得出一个异族的茧。噢！我从承认自己的无知中可以完全明白，我是多么不符合当前的潮流啊！我把一个可以侃侃而谈却等于什么也没说的绝好机会白白错过了。

这根树莓桩是垂直的，或者差不多是垂直的，洞口朝上，在自然条件下也是这样的。我的把戏可以改变这种状况，我可以随意把管子垂直或者水平放置，可以让唯一的洞口朝上或者朝下；也可以让管子两头都敞开，这样就有两扇出去的门。在这些不同的条件下，会有什么情况发生呢？这就是我要用三齿壁蜂来考察的。

我让管子垂直悬挂，上头封闭，下头敞开，相当于一段倒放着的树莓桩。为了做不同的实验并且使实验复杂些，各个管里的茧放置的方式不同，有些茧头朝下，朝向开口；有些茧头朝上，朝着封闭的那一端；有些茧头对头，尾对尾，朝向一上一下交替排列。隔墙仍然是用的高粱秆隔板。

所有这些管子，实验的结果都相同。如果壁蜂的头朝上，它们就像在自然的条件下那样咬啮上面的隔墙；如果头朝下，它们就在自己的房间里转身，然后像平常那样工作。总之，不管茧怎么放，它们普遍都要从上面出去。

显然，这里有地心引力的影响，它提醒昆虫，位置颠倒了要转过身来，就像我们如果头朝下时，提醒我们一样。在自然条件下，昆虫只能受地心引力的作用往上挖掘，一定会到达位于上端的出口。但是，在我的仪器中，地心引力使它上了当；它往上走，可上头没有出路。壁蜂受我的骗而走错了路，它们堆聚在上部的楼层而死掉了，埋在碎砖破瓦中。

不过，也有一些壁蜂企图往下开辟一条道路，但是在这个方向很少有成功者，尤其是位于中层或者上层的壁蜂。昆虫不大善于朝着与平常相反的方向走；另外，在反方向的挖掘中有一个严重的困难。在壁蜂把挖出来的碎屑往后抛时，碎屑由于自身的重力又落到大颚下面，于是清理场地的工作又要重新开始。壁蜂被这种没完没了的沾累得精疲力竭，而且对于这么奇特的工作方法也不大相信，索性不干了，结果死在了房间里。我应当补充指出，位于最下层、最靠近出口处的壁蜂，有这么一只，两只或者三只，最后还是得到了解放。它们毫不犹豫地向它们身下的隔板发起进攻，而它们的绝大多数伙伴仍然固执地朝上挖，结果死在了上面的房间里。

要想除了茧的朝向外，丝毫不改变自然条件，重复实验也很容易，只要把树莓桩原封不动地洞口朝下垂直悬挂就行了。我将两根住着壁蜂的树莓桩，一根朝上一根朝下，叠放在一起，一个出口都没有，结果所有的壁蜂都在巷道里死了，有的头朝上，有的头朝下。相反，三根住着黄斑蜂的树桩，从第一根到第三根，出口全都开在下部，里面所有的居民全都安然无恙。难道这两种膜翅目昆虫对于地心引力的影响感觉不一样吗？是不是因为黄斑蜂天生要穿过棉袋子的障碍，所以比壁蜂更善于在不断落下的瓦砾中开辟道路呢？或者不如说，是不是因为这种碎棉花本身不会像使壁蜂那么厌恶的碎屑那样掉落呢？这一切全都有可能，可是我什么也不能肯定。

现在我用两端开口的管子做实验，除了上部有开口外，其他的与前面一样，有的茧头朝下，有的茧头朝上，还有的两种朝向都有，结果大致也与前一个实验相同。有几只离下面的洞口最近的壁蜂，不管它们的茧是怎么放置的，都是走朝下的路；其他绝大多数壁蜂走朝上的路，即使茧头是朝着相反的方向。这两扇门都是可以自由出入的，所以不管从哪个门出去都成功了。

从这些实验可以得出什么结论呢？首先，地心引力指引昆虫往上走，因为自然的门是开在上头；而当茧摆放的位置颠倒时，地心吸力让昆虫在自己的房间里转过身来。其次，我觉得多少有大气的影响，不管怎样，有第二个原因促使昆虫朝出口走。现在我假设，影响这些隐居者穿过层层隔板的原因，就是周围的自由空气。

因此，昆虫一方面受地心引力的影响，这种影响对于所有的昆虫都是一样的，不管在哪个楼层，它都是指引全窝壁蜂从底部往顶部去的领路人。但是，当底部有开口时，处于下部房间的壁蜂还有第二个领路人，那就是周围空气的刺激，这是比重力更起作用的刺激。由于隔墙的缘故，外面空气进入得很少；如果说在底层可以感觉得出空气，随着楼层的升高，空气迅速减少。因此，底层数量很少的昆虫在主要因素大气的影响下便往下面的出口走去，如果它原来是头朝上的，它便转身掉一个头；相反，位于上部的占绝大多数的昆虫，由于只受地心引力的指引，在上端封闭的情况下，还是往高处走。不言而喻，如果上端跟下端都敞开，上面的居民更有双重的理由要往上走；尽管这样，住在最下层的还是会首先听从周围空气的召唤而走朝下的路。

我还有一种办法可以判断我的解释有没有价值，我将两端开口的瓶子平放在桌子上实验。水平放置有双重好处，首先，壁蜂可以随便走什么方向，或者往右，或者往左，从这个意义上说，水平放置使昆虫免受地心引力的影响；其次，不存在残屑掉落到劳动者大颚底下的问题，残屑迟早会使壁蜂灰心丧气从而放弃努力。

要做好实验必须注意几点，我向愿意重复实验的人作几句交代，甚至对于我前面讲的那些实验，最好也要考虑到这几点。雄蜂衰弱不是干这种活的料，它们在我那些厚厚的横隔膜面前一筹莫展，大部分都无法戳穿整个隔墙，便在玻璃瓶里可怜地死去。另外，它们在天赋的本能方面不如雌蜂。它们的尸体躺在管子里横七竖八，会给实验造成困扰，必须予以排除。因此，我选择外表看来最粗壮、直径最大的茧，把它们按各种不同的朝向，或者按同一朝向放在管子里。这些茧，除了某些难以避免的差错外，都是雌蜂的茧。这些茧不管是从什么样的树莓桩中取来，都没什么关系，我愿意从哪里挑选都一样，实验的结果都没有什么不同。

　　第一次我制备了一根两端开口的管子水平放置，结果令我强烈地震惊。管里有10只茧，分成数目相等的两组，左边的5只从左边出去，右边的5只从右边出去。我将试管调转方向，结果还是这样。这样的对称是非常引人注目的，而且在各种可能的排列中，这种排列的概率很小，下面的计算会证实这一点。

　　假设壁蜂的数目为n，每一只在重力不产生影响，两端让它随意出去的情况下，根据它选择的是左边出口还是右边出口，可以有两种选择。第二只壁蜂也有两种选择，每一种选择可以与第一只壁蜂的两种选择中的每一种进行组合，从而得出$2 \times 2 = 2^2$种排列。这些2^2种排列的每一种，又可以与第三只壁蜂的两种选择中的每一种组合，从而第三只壁蜂可以得出$2 \times 2 \times 2 = 2^3$种排列。如此类推，每多一只壁蜂就给前面已得到的结果增加了一个因数2，因此，n只壁蜂的排列方式就有2^n种。

　　但是请注意，这些排列是两个两个相对称的；向右走的排列与向左走的排列相对应；而这种对称引起了对等，因为在我们要考虑的问题中，某种一定的排列是与管子的左边还是右边无关的。因此前面的数目应当除以2。这样，n只壁蜂根据它的头在水平管子中是转向右边还是左边，排列的数目可以有2^{n-1}种。如果像第一个实验那样，n=10，那么排列的数目就是2^9=512。

10只壁蜂出去的方向，可以有512种排列，那么，这种排列的对称性的确令人称绝。而且壁蜂没有经过反复尝试，左闯闯右转转之后才决定往哪边走的。位于右边的壁蜂，每一只都是往右边凿洞，没有去碰左边的隔板；位于左边的壁蜂，每一只都是往左边戳洞，没有去碰右边的隔墙。如果想查看，洞的形状和隔墙表面的状态可以告诉你。壁蜂的决定是立即作出的：一半向左，一半向右。

壁蜂的排列还有另一个比对称性更重要的价值，这样的排列符合花费力气最小的要求。为了让所有的壁蜂都出去，如果管子里有n个房间，那么首先就有n块隔墙要戳破，甚至由于我希望避免混乱，隔板还可能多放了一块，因此，至少有n块隔墙要戳开。每只壁蜂戳自己的隔墙，或者同一只壁蜂为了减轻邻居的劳动，而戳好几块隔墙，这对我们来说并不重要；这一窝壁蜂所花力气总数是与隔墙的数目成正比的，不管壁蜂是以什么方式出去。

但是我们还必须充分考虑到另一项工作，从残砖碎瓦中为自己开辟一条道路，往往比戳通隔墙更困难。现在，我假设所有的隔墙都已经凿开，各个房间被残砖碎瓦堵塞着，而且仅仅是被自己房间的碎屑堵塞，因为水平地放置，这个房间的碎屑根本不可能跟别的房间的碎屑混在一起。为了从这些废料中打开一条道路，如果每只昆虫穿过的房间尽可能少些，总之，如果它向离它最近的洞口走去，那么它花的力气就会最少。每只昆虫所花费的最少力气，加起来就是最少力气的总和。因此，壁蜂正是以实验中的那样走法，用最少的力气走了出去。看到一种昆虫会应用机械学的"最少动作原则"真是蛮有意思的。

一种符合这一原则而且符合对称规律的排列，只有1/512的机会可以成功，这肯定不是偶然的结果。有一个原因使它必然如此，这个原因总是在起着作用，如果我重新进行实验，得到的排列必然还是这样。于是，我在后来几年中又反复进行实验，我积极寻找树莓桩，我能找到多少根，我实验的仪器就有多少台。我在每一次新的实验里所看到的，都是第一次那种令我十分感兴趣的情况。如果昆虫的数目是偶数，我的纵队通常是10只昆虫，那么，一半从右边出去，另一半从左边出去。如果是奇数，比方说11只吧，那么当中那只壁蜂对于从左边还是从右边出去，就显得无所谓。因为对于它来说，不管从这边走还是从那边走，要穿过的房间的数目一般多，它走哪个方向所花的力气都一样，它一直遵守着最少动作原则。

我想了解树莓桩中的其他居民，或者其他膜翅目昆虫，它们住在不同地方，但是在离窝的时刻，必须开辟一条艰难的道路，是不是也有三齿壁蜂的这种天赋。除了由于茧中的幼虫在管子里没有发育而死掉，或者由于雄蜂对干活不大在行，而出现的某些例外现象外，我用肩衣黄斑蜂做实验，结果也一样，它们分成两组，一组往右，一组往左。对于制陶短翅泥蜂，我还拿不准。这种纤弱的昆虫无法戳穿我的隔板；它只略微咬啮几下，而我是需要根据咬啮的情况来判断走向的，可它咬得不大明显，所以我还无法发表意见。流浪旋管泥蜂是灵巧的钻孔者，它的表现与壁蜂不同，一个10只昆虫的纵队全都朝一个方向出去。

我还用棚檐石蜂做实验。这种石蜂在自然条件下为了出窝，只需要戳穿水泥的天花板，不必穿过它面前一连串的蜂房。虽然它对于我为它制造

斑点切叶蜂

的环境感到陌生，可是它给的答复还是十分肯定的。在一根两端敞开的水平放置的管子里，10只石蜂排成一行，5只往右走，5只往左走。束带双齿蜂是棚檐石蜂或者高墙石蜂在砌石建筑物中的寄生虫，它们并没有提供任何明确的信息。斑点切叶蜂在高墙石蜂的蜂房里建造圆片叶子的小盅，它像流浪旋管泥蜂一样都朝一个方向走。

这份记录虽然很不完全，却表明，不能把从三齿壁蜂那里得来的结论随便推而广之。如果说某些膜翅目昆虫，比如黄斑蜂、石蜂具有从两个出口出去的才能，别的一些，如流浪旋管泥蜂、切叶蜂，则学巴吕储的羊①跟着第一个出来的幼虫走。昆虫世界不是千篇一律的，昆虫的才能极不相同，某种昆虫能做到的，别的昆虫却不能，要看出这些不同需要十分敏锐的目光。不管怎样，更加充分的研究，肯定会发现能够从两头出去的昆虫的数目不止这些；今天，我们知道有三种，对于我来说已经足够。

我要补充指出，如果水平的管子有一头是封闭的，那么这一排壁蜂都会朝开口的那一头走，而如果必要，则会翻转身子。

现在事实已经摆出来，我们去追溯原因吧，如果办得到的话。在一根水平放置的管子里，重力对于昆虫走哪个方向不再起作用，应该进攻左边的隔墙吗？应该进攻右边的隔墙吗？怎么做决定呢？我越寻思，就越怀疑这是大气的影响，大气可以从开口的两端感觉

---

① 巴吕储的羊典出法国文艺复兴时期文学巨匠拉伯雷的《巨人传》。巴吕储为书中主人公之一。巴在船上与一羊商发生口角，商人侮辱了他，他为了报复便向商人买了一只羊并把它赶下海，这只羊的叫唤使其他羊也追随它的榜样相继跳下海，商人企图拉住最后一只羊，结果反被羊拖了下去而淹在水中，以后这便成为有名的成语。 拉伯雷（1494—1553年）：法国讽刺作家、医生和人文主义者，作品有《巨人传》和《卡冈都亚》等。——译注

得出来。这种影响是什么？是压力作用，是湿度测定学的作用，是电波态的作用，是我们粗浅的物理学所不知道的某些特性的作用？谁要作出断言都可能是相当大胆的。我们自己，当天气要变的时候，我们内心不是也会产生某种感觉，某些说不清的感觉吗？但是，如果我们处在跟那些隐居者类似的环境之下，那么，对大气变化的这种模糊的敏感性，对于我们是没有多大帮助的。假设我们在一间漆黑而没有一点声音的单人囚室里，前面还有别的囚室。我们有凿通墙壁的工具，但是要从什么地方凿，才能到达最后的出口，并且最快地达到呢？空气的影响肯定不会告诉我们什么的。

可是它却会指导昆虫。大气虽然透过多层隔墙因而影响十分微弱，但是因为一边的障碍数目比另一边少，所以对这一边的影响就大些；而昆虫对于两者之间的差别十分敏感，便向离自由空气最近的隔墙进攻。昆虫纵队就是这样分成方向相反的两组，以最少的劳动量来实现全体的解放。总之，壁蜂和它的竞争者能够感觉出自由的空间。这又是一种感觉天赋，这种感觉天赋，根据进化论，本应是自然的赠给我们的，可是它没有这么做。那么我们是不是像许多人断言的那样，是从第一个形成为细胞的生蛋白原子，通过千万年的进化，从而达到尽善尽美呢？

第十四章 ✦ 西芫菁

卡班特拉郊区高高的沙质黏土边坡，是许多膜翅目昆虫特别钟
爱的地方，它们喜欢朝阳的地势和容易挖掘的土地。在那
里，五月间，有两种条蜂特别多，它们既是采蜜工，又是地下蜂房
建筑工。一种是黑条蜂，它在住宅的入口建造一个土质圆柱体作为
前沿工事，圆柱跟蜾蠃的巢一样是镂空的，也呈弯状，但有一个手
指那么粗，那么长。蜂城里群蜂飞舞，黏土的钟乳石垂挂在门前，
这种朴素的装饰令我惊叹。另一种是低鸣条蜂，这种条蜂常见得
多，它让自己的巷道口终年裸露。
旧墙内的石头缝和废弃的破房子，
在柔软的砂岩和泥灰岩内的洞壁，
都适合它们筑窝；但是它们特别喜
爱的地方，蜂房最密集的地方，则
是朝南而垂直的地表，如深深夹着
道路的边坡。那里，好几步长的沟壁

1½

黑条蜂

上钻的洞密密麻麻的，就像一块大海绵。这些洞圆得就像用穿孔器
钻出来似的。每个洞进去都有一条弯弯曲曲的三分米长的甬道，蜂
房就分布在甬道尽头。你想看看条蜂灵巧地工作吗？那就在五月下
旬到工地上去吧。如果你还是新手，害怕被蜂蜇，那就不要走得太
近，只能远远地注视那些乱哄哄又嗡嗡叫的蜂群，它们又是筑巢又
是储粮，令人眼花缭乱。

我到条蜂居住的边坡去参观的时间，多半是在八九月学校放假

低鸣条蜂

的时候。这个时期，蜂窝四周一片寂静，工程早就完工了，许多蜘蛛网已经结在角落里，或者像丝管似的深入到条蜂的巷道里。但是，你不要匆忙地就对这座以前那么熙熙攘攘，如今却是冷冷清清的城市置之不顾。在地下几法寸深处，有几千只幼虫和蛹关在黏土的蜂房里，直至来年春天。一些美味可口但无法自卫的猎物，也像条蜂幼虫一样处于麻木状态。它们难道不会引诱某些寄生虫想办法寄生在它们身上吗？

真的，你看吧，一些穿着半白半黑丧服的双翅目昆虫卵蜂虻，正无精打采地从一个巷道飞到另一个巷道，无疑是想把卵产在那些猎物身上；你看吧，另外一些，数目更多，已经完成任务，在辛勤劳动之后已经死去，干干的挂在蜘蛛网上。在别处，整个陡峭的边坡上铺满了一种鞘翅目昆虫肩衣西芫菁的尸体，它们像卵蜂虻一样悬挂在蜘蛛的丝网上。在这些尸体中间，一些春情勃发的雄性西芫菁根本不把这些死者当作一回事，来来往往，忙忙碌碌，见到一只雌性西芫菁从它身边够得到的地方走过，便不管三七二十一，立即进行交配。雌芫菁受孕后便带着大肚子钻进一条巷道的洞口，后退着消失在里面。我不可能猜错一定是出于重大的利益，这两种昆虫才会在短短的

变形卵蜂虻

几天中在这个地方出现，交配，产卵，然后就死在条蜂的家门前。

现在在这块地上挖上几锄头，我应该会看到我所猜测的情况，这种事情去年也发生过，也许我会找到所猜想的寄生现象的证据。如果我在八月初发掘条蜂的窝，就会看到，上层的蜂房和深处的蜂

房并不一样。这种差异是由于条蜂和三叉壁蜂都
在同一建筑物中进行开发的缘故，我五月在工程
期所作的观察可以证明。条蜂是真正的先锋，
巷道是完全由它挖出来的，所以它们的蜂房在底
下。这些巷道或者由于已经破烂，或者由于位于
巷道最尽头的蜂房已经建好，便被抛弃。壁蜂便
利用这些被抛弃的巷道，用粗糙的土隔墙把巷
道分割成大小不等、没有艺术性的房间，造好了

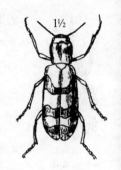

喇叭虫

自己的蜂房。三叉壁蜂唯一需要干的活就是砌隔墙。这是各种壁蜂
建造蜂房时的通用方式，只要两块石头间有缝隙，只要有蜗牛的空
壳，只要有植物空心的干茎，它们就心满意足了，可以不费力地用
薄薄的灰浆隔墙来建造它们的蜂房。

　　条蜂的蜂房挖在沙质黏土边坡的土里，除了用来盖洞口的厚厚
的盖子外，没有增添任何部件，蜂房的几何尺寸不差分毫，非常完
美，简直就是一件艺术品。条蜂幼虫在母亲谨慎而巧妙的庇护下，
躲在偏僻而牢固的隐蔽所的尽头，不会受到侵害。它们没有吐丝的
腺性器官，因此它们从不织茧，而是赤身裸体地躺在蜂房里，蜂
房的内壁抹刷得非常光滑。

　　壁蜂的蜂房位于条蜂窝的上
层，内部大小不一，十分粗糙，
而且它那薄薄的土隔板几乎无法
抵御外部的敌人，必须得有防御
手段。的确，壁蜂幼虫知道躲在
一个非常坚固的深棕色卵状茧
里，这茧使它不会接触到蜂房粗

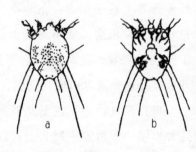

蜱螨　a.背面；b.腹面

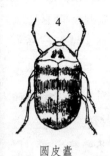

圆皮蠹

糙的内壁，并避免被蜱螨、喇叭虫、圆皮蠹这些贪婪的寄生虫的大颚咬嚼，这些敌人为了寻找可以吞噬的东西，正在巷道四周转悠呢。正是靠着母亲的才能和幼虫的才能，条蜂和壁蜂的幼虫在婴儿期，才得以逃脱威胁着它们的危险。因此在挖开的边坡里，根据蜂房的位置和形状，或可以根据蜂房里的幼虫是裸露的还是藏在茧里，我可以容易地辨认出两种膜翅目昆虫的窝。

打开一定数量的茧后，我发现有的茧里装的不是壁蜂的幼虫，而是一只形状奇怪的蛹。这些蛹，只要轻轻动一动它们的小屋，就会乱动起来，用腹部拍打房间的墙壁，把墙壁摇晃得像在颤抖似的。即使不打开茧，只要动动这栋丝房子，从里面就会传出隐约的摩擦声，我就知道里面有蛹。

蛹的前端是配备着六根粗壮的刺吻，这种多齿犁铧十分适宜挖掘土地。腹部前四个体节的背面环节上有两排弯钩；蛹借助这些弯钩可以爬出它用刺吻挖掘的狭窄的巷道。蛹的后部一束锐利的尖钉，好似盔甲。如果我仔细地检查藏着各种窝的垂直坡面，很快就会发现，蛹的尾端藏在跟它们一般大的巷道里，前端则自由地伸出在外面。但是，这些蛹只剩下了壳，壳的背上和头上有一道长长的裂缝，成虫已经从这道裂缝出去了。因此，蛹强有力盔甲的用途很显然，是蛹负责撕破把它囚禁起来的坚韧的茧，挖开把它埋着的密实的土，最后把成虫送到阳光下，成虫自己大概是无法完成这么艰巨的工作的。

果然，从茧里取出的蛹过了没几天就羽化为一种纤弱的变形卵蜂虻，它根本无力戳破茧，更无力从我用镐也不容易挖开的土里开辟出一条路。虽然这样的事情在昆虫世界里十分常见，可是看到这些总不免令人很感兴趣。这些事实告诉我们，一种不可理解的力量，在一定的时刻，突然用不可抗拒的口吻，命令一只卑微的小虫放弃安全的隐蔽所，穿过万千困难去迎接光明，这对它来说是致命的，可是对于成虫却是必须的，因为成虫自己无法做到。

我已经挖开壁蜂蜂房的那一层，现在镐触及到条蜂蜂房这一层了。这些蜂房都是在五月修筑的，但里面有的居住着幼虫，有的却已经被成虫占有。各个幼虫老熟的日期不一样，是因为年龄相差几天。别的一些蜂房，数目跟前者一样多，里面住着的是一种膜翅目寄生虫毛斑蜂，也发育老熟。还有许多蜂房里有一种奇怪的蛋形茧，分成几个节段，表面有芽蕾，茧非常薄，易碎，琥珀色，十分透明，透过外壳可以清楚地看见，一只西芫菁成虫在里面直动，仿佛想挣脱出来。我刚才

毛斑蜂

看到西芫菁跟卵蜂虻一道在条蜂的家门口转悠，现在我知道它们为什么来到这些地方交配产卵的原因了。壁蜂和条蜂是本宅的共同业主，它们各自有自己的寄生虫。卵蜂虻寄生在壁蜂身上，西芫菁则向条蜂进攻。

西芫菁总是藏在蛋状茧里，这种茧在鞘翅目昆虫中是见不到的。这里会不会有二次寄生现象，西芫菁住在第一个寄生虫的蛹壳里，第一个寄生虫则靠条蜂的幼虫或者它的食物过活吗？这些寄生虫是怎么进入这所看起来似乎不可侵入的蜂房呢？蜂房是埋在那么深的地底下，即使用放大镜也看不出有任何强行进入的迹象啊！这就是1855年当我第一次见到这种现象，我的脑子中产生的问题。经过三年辛勤的观察，我在这一章中可以对昆虫变态的故事，作一番

令人惊讶的补充。

在收集到大量装着西芫菁成虫的茧之前，我有充分的时间观察成虫从茧里出来，交配和产卵。茧很容易开裂，只要大颚随便在什么地方戳几戳，再用腿扒几下，成虫就可以从那易碎的监牢里出来。

我把西芫菁放在瓶子里，成虫一获得自由就进行交配。我亲眼看到的事实充分证明，对于成虫来说，毫不拖延地进行保障种族延续的行动，这种需要是多么的急迫。一只头已经钻出茧的雌芫菁，焦虑不安地挣扎着要彻底解脱出来；一只已经自由两小时的雄芫菁，爬到这个茧上，用大颚这儿啄啄，那儿扒扒，拼命要帮助雌虫从桎梏中解放出来。它的努力很快就取得了成功，茧的后面出现了一条裂缝，虽然雌虫有四分之三还在襁褓里，它们就立即进行交配，延续了大约一分钟。交配时，雄虫趴在茧上，如果雌虫已经完全自由，便趴在雌虫的背上一动不动。我不知道在自然环境中，雄芫菁是不是也这样帮助雌芫菁获得自由的。如果是这样，它就得进入到雌虫居住的蜂房里去，这对于它来说，既然能够从自己的蜂房里钻出来，它就能够再钻进去。交配是在条蜂的巷道口进行的；这样不管是雌虫还是雄虫，在身后都没有留下茧壳的碎片。

交配之后，两只西芫菁就用大颚把大腿和触角捋光亮，然后各自走开。雄虫躲到土坡的缝隙里，奄奄一息，两三天后死去。雌虫也一样，它一刻也没耽搁，立即产卵，然后就在产卵的过道入口死去。这便是条蜂窝附近蜘蛛网上挂着的那些尸体的来历。因此西芫菁成虫的生命，仅仅是为了交配和产卵。除了在它们的爱情舞台同时又是死亡舞台之外，我在其他地方从未见过它们；我也从未见过它们在附近的植物上吃东西，虽然它们具有正常的消化器官，我却完全有理由怀疑，它们是不是真的吃过什么东西。它们过的是什么样的生活啊！在装满蜜的仓库里大吃大喝半个月，在地下沉睡一年，在阳光下一分钟的爱情生活，接着就是死亡！

雌虫一旦受精后，便忐忑不安地立即寻找合适的地方去产卵。我跟踪观察它到底到哪里产卵。雌虫是不是从一间蜂房到另一间蜂房，把卵产在条蜂的或者这个蜂房中的寄生虫幼虫的胸部上，因为那个部位味道鲜美呢？西芫菁从那奇怪的茧里出来，令人相信是这样的。把卵一个个产在每间蜂房里，似乎是完全必须的，因为只有这样才能解释我们已知的事实。但是，如果的确是这样，为什么被西芫菁侵占的蜂房，没有留下丝毫破门撬锁的痕迹呢？这是非有不可的啊！既然这种茧似乎不是鞘翅目昆虫的茧，而且我渴望对这些神秘的事情有所了解，所以长时间坚持不懈地寻找可能与这种茧有关的寄生虫，我为什么连一只也没有找到呢？这是为什么呢？读者可能不由得会猜想，我的昆虫学知识菲薄，我陷入了这些矛盾事实所构成的迷宫里走不出来，被弄糊涂了。但是，且慢，耐心点，我也许会弄明白的。

首先，我想看看卵究竟产在什么地方。一只雌虫刚刚在我眼前受了精；我立即将它关进一个大瓶子里，同时在瓶子里放进了几片有条蜂蜂房的土块。这些蜂房中有一部分装着茧，有一部分装着白色的蛹；有几个蜂房稍微开了一点口，可以看到里面装着的东西。最后，我在封瓶的软木塞内，放上一根圆柱形的管子，一根直径有条蜂的过道那么大的盲管。瓶子平放，西芫菁如果愿意，可以进到这个人造的过道里面去。

雌虫拖着大肚子在这个临时住宅里巡视各个角落，触角伸向各处探测。经过半个小时的搜索和仔细寻找，终于选定了挖在塞子里的水平过道。它把腹部伸进这个洞里而头悬在外面，开始产卵。产卵经过36个小时才结束。在这令人难以忍受的长时间里，非常有耐心的西芫菁一直一动不动。

卵白色，蛋形，非常小，长几乎不到0.6毫米，彼此稍微粘连成松散的堆状，像是一大把未成熟的兰花种子。至于卵的数目，我得承认，即使我再有耐心，不怕疲劳也数不过来。我估计，至少有2000枚也不为夸张，这个数字我是根据下面这些数据得出的。产卵持续了36个小时，我经常去查看这只在塞子的洞里产卵的雌虫，我深信它差不多是不间断地连续产卵。两次产卵之间的时间相隔还不到1分钟，因此卵的数目不会低于36个小时的分钟数，即不会低于2160枚。这个数目是不是分毫不差关系并不大，我只想证明数目很大。由此可以设想，新生的幼虫从卵里羽化出来后会大量遭到灭亡，因此需要有这样大的数量，才可以使这个物种生存下来。

在进行这些观察，了解了卵的形状、数目和排列之后，我便在条蜂的巷道里寻找西芫菁产下的卵。而我发现它们的卵总是堆在巷道里，总是在离朝外开的洞口一二法寸处。因此，与人们所猜想的相反，西芫菁的卵不是产在工程兵条蜂的每一个蜂房里，而是仅仅在条蜂窝的前庭产下一堆。另外，母亲就让这些卵无遮无掩，它没有采取任何措施来抵御严寒；它把卵产在不深的地方，可它甚至没有设法把前庭马马虎虎地堵起来，以使幼虫免遭千百种威胁着它们的敌人袭击；只要寒冷的冬日还没来到，蜘蛛、粉螨、圆皮蠹和其他掠夺者，都要在这些敞开的巷道中来来往往，而这些卵或者由卵羽化出来的初生幼虫，则是它们美味可口的佳肴。由于母亲的漫不经心，没有被所有贪婪的捕猎者吃掉；或者没被严寒冻死的幼虫，数量是非常少的。也许正因此，母亲必须生产大量的卵来弥补它的无能吧。

一个月后，接近九月末或者十月初，卵开始孵化。此时气候还很好，我以为初生的幼虫会立即开始行走，四散开来，通过某些看不出来的裂隙，各自设法到条蜂的一个蜂房中安身。我的预测大错特错了。我把我的囚犯产下的卵存放在盒子里，可初生的幼虫，这些身长至多一毫米的黑色小虫子，虽然具有强壮的腿，却根本没有移动位置；它们从卵里出来后，就一直跟那些白色的碎卵壳杂乱地待在一起。

我把里面有条蜂窝，有敞开的蜂房、有幼虫、有蛹的土块，放在它们够得着的地方；可是一点用也没有，什么东西都无法引诱它们，它们一直跟卵的碎壳皮混在一起，形成一个带黑白点的粉堆。只有用针尖拨动这有生命的粉堆，才会引起蠕动，除此之外，所有的幼虫全都安然不动。如果我硬要把某些幼虫从粉堆里拨开，它们便急冲冲地返回到粉堆里，钻到其他幼虫中间去。也许像这样聚集在卵壳下面被卵壳遮盖着，它们可以不那么怕冷吧。不管它们坚持这样堆积在一起的原因是什么，我承认，我所能够想象出来的任何办法，都无法让它们放弃那个由彼此略微黏着的卵壳所形成的小小的海绵块。最后，为了更加确信，获得自由的幼虫在孵化后，不会四散开来，我便在冬天时到卡班特拉去查看条蜂筑窝的边坡，我发现幼虫像在我的盒子里一样，跟卵壳一起形成一个小粉堆。

第十五章 🐛 西芫菁的初龄幼虫

直 至第二年将近四月末，都没有任何新情况发生。我要利用这漫长的休息时间来更好地了解初生的幼虫，下面就是我对这种幼虫的描述。

长一毫米或者不到一毫米，肉硬，淡绿黑色，闪闪有光，上部隆起，下部扁平，长长的，直径从头部逐步加大到后胸，然后迅速缩小。头长而不宽，底部稍稍扩大些，接近嘴部为淡橙红色，接近单眼处颜色深些。

上唇为圆形节段，近橙红色，边上有少量非常短的硬纤毛。大颚粗壮，橙红色，短而尖，休息时闭拢而不重叠。颌部的唇须相当长，由两个一般长的圆柱体构成；末端有一根十分短的纤毛。颌和下唇几乎看不出来，无法有把握地描述。

两根圆柱形的触角一般长，彼此并不明显地隔开，长度大致跟唇须一样；末端有一根毛，长度为触角的三倍，越来越细乃至于在倍数很大的放大镜下都看不出来。每个触角窝的后面有两个不一般大的单眼，彼此几乎连在一起。

胸部每个体节一般长，并从前到后逐渐加宽。前胸比头大，前窄底宽，两边略呈圆形。腿不长，相当粗壮，末端有强有力的跗节，跗节长而尖，而且非常灵活。每条腿的基节窝和腿节上有一根长纤毛，跟触角的纤毛一样，它几乎有整条腿那么长，当幼虫行动时与移动的平面相垂直。胫节上有几根硬纤毛。

腹部有九个体节，各个体节的长度明显相同，但比胸部的体节短些，宽度却一节比一节迅速缩小，直至最后一个体节。在第八体节的附肢下面，准确地说，在这个体节和最后一个体节的节间膜的附肢下面，有两根尖针，稍微有点儿弯，短短的，但粗而且尖，针尖一根偏右，另一根偏左。两根尖针通过类似蜗牛的触毛的机制，随着腹面节间膜的收缩而收缩起来，当肛门体节收缩到第八体节中去时，它们可以被带动而藏在第八体节下面。在第九体节或者说肛门体节的后部边沿上，有两根长纤毛，跟腿上和触角的纤毛一样，从上往下弯。在最后这个体节后面，有一个乳头状的小肉突，这便是肛门；我在研究时使用了显微镜，可是没看出肛门来。

当幼虫休息时，各个体节像叠瓦似的有规则地排列，体节的节间膜便看不见。但是，如果幼虫行走起来，所有的节间膜，尤其是腹部体节的节间膜都显露出来，而且几乎跟角质的弯拱一般大。同时，肛门节从第八体节中伸出，也拉长成乳头状，而倒数第二体节的那两根尖针先是慢慢活动，然后就像弹簧放松了那样突然猛地竖起，两根尖针叉开成新月状。这个器械一旦打开，幼虫就可以在最光滑的平面上行走了。

最后那个体节和它的肛门圈弯曲得与身体的轴线呈直角，而肛门则贴在运动面上，流出一小滴透明的黏稠液体。肛门圈和最后节段的两根纤毛像个三脚架似的，小虫支在三脚架上面，黏液把小虫粘起来，使得它牢牢地钉着不动。如果我想观察幼虫在玻璃片上活动的方式，可以把玻璃片垂直竖立，甚至翻过来倒过去，轻轻摇晃，幼虫也不会掉下来，因为它被肛门圈的黏液粘住了。

小家伙不怕从平面上掉下来，如果它想在平面上走，它便使用另一种方法。它弯起腹部，当第八体节那两根完全展开的尖针，在运动平面上爬动能找到支点时，它就全身依靠在基座上，通过把腹部各个体节膨胀开来，向前迈进。此外，它的腿远不是无所作为的，前进的运动也得到腿的帮助。往前爬了一步后，它伸出腿上那些强有力的跗节抓住平面，收缩腹部，收拢各个体节，而已经往前伸的肛门，借助两根尖针重新找到支持后，于是便迈出奇怪的第二步。

在行走时，基节窝和腿节的纤毛在支持面上拖动，根据其长度和弹性，这些纤毛对于走路似乎只会碍事的。可是，我们别忙着轻率地作结论，生物身上任何最微小的部分，都是适应于它应该在其中生活的环境的；我完全相信，这些纤毛不但不会妨碍小家伙的行进，相反，在正常情况下还会有些帮助的。

我所看到的点滴情况已经表明，西芫菁的初龄幼虫并不是注定要在普通的平面上移动的。不管它以后要在什么地方生活，它都很有可能从上面掉下来而有性命的危险，所以为了预防，它不但配备着非常灵活的粗壮的爪，和一个像犁铧一样可以抓住光滑物体的锐利的新月形器械，而且还有黏性非常强的黏液把它牢牢地粘住，无须别的器械就可以固着在平面上。我绞尽脑汁也猜想不到，幼小的西芫菁幼虫为什么要居住在如此摇晃而危险的卵壳里面；没有任何现象可以向我解释，它为什么要有那种机体结构。通过对这种结构认真的研究，我深信我将会看到某些奇怪的习俗，于是我急不可耐地等待大地回春，我相信依靠坚持不懈的观察，在来年春天我便会揭示这个奥秘的。朝思暮想的春天终于来到。我发挥了最大的耐心，最丰富的想象，最高度的洞察力；可是，非常惭愧，更是遗憾得很，我没有发现这个秘密。我必须把这个没有取得成果的研究再推迟到来年，噢！满脑子糊糊涂涂的，这种折磨是多么痛苦啊！

我在1865年春天进行的观察，虽然没有得出肯定的结果，却具有一定的意义；因为它证明，我提出的"西芫菁一定过着寄生生活"的假设是错误的。因此，我必须再说几句。接近四月末，至今一动不动地蜷缩在碎卵壳的海绵堆中的初龄幼虫开始活动，它们四散开来，在越冬的盒子和瓶子里到处奔走。从它们急匆匆的步伐，从它们不疲倦地东奔西闯，我很容易会猜想，它们在寻找缺少的什么东西。这东西，要不是食物会是什么呢？别忘了，这些幼虫是在九月末孵化出来的，从那时起，在整整七个月中，它们没有吃一点东西，可它们生机勃勃，不是像冬眠动物那样昏昏沉沉地度过这段时间的，冬天我刺激它们，它们反应强烈。它们孵化后，虽然充满着生命，却必须绝对禁食七个月；因此，看到它们目前这样的烦躁不安，我自然就会设想，它们是因为饿极了才这样东奔西走的。

它们寻找的食物只能是条蜂蜂房里的蜜，不久后我发现西芫菁幼虫去到了这些蜂房里。条蜂蜂房里只有蜜和幼虫。我保留下来的蜂房正是有条蜂蛹或者幼虫的，其中有些打开，有些封闭。我把这些蜂房放在西芫菁幼虫够得着的地方，我甚至把西芫菁幼虫放到蜂房里面去，放在条蜂幼虫的胸部，那里看起来应该是鲜美的部位；我采取了一切手段来刺激它们的食欲，可是在用尽了一切办法总是一无所获之后，我相信我的这些饥饿的小家伙既不要幼虫也不要蛹。

我又用蜜来喂它们。显然，西芫菁寄生在哪种条蜂窝里，就必须食用那种条蜂的蜜。但是，条蜂在阿维尼翁郊区不多见，而我在中学的工作又不允许我到卡班特拉去，虽然那里条蜂很多。为了寻找储备着蜜的蜂房，我花了五月大部分时间，终于找到了一些我所需要的条蜂蜂房，而且是刚刚封闭起来的。我久思苦盼的东西得到了，我兴奋得急不可耐地把这些蜂房打开。一切都很好，淡黑色的

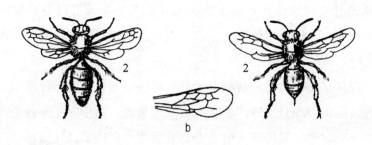

地蜂　b.翅膀

蜜汁装了半个蜂房，气味令人想吐，刚孵化的条蜂幼虫就浮在蜜的表面上。我把这只幼虫拿走，十分小心地把一只或者几只西芫菁幼虫搁在上面。在另外一些蜂房里，我留下条蜂幼虫，然后把西芫菁幼虫放进去，有时放在蜜上，有时放在蜂房的内壁上，有时就简单地放在蜂房入口。最后，我把所有蜂房放到玻璃管里，这样观察起来就容易了，而且不必担心打扰了这些饥饿的客人们进餐。

可是，我谈什么就餐啊！它们根本就没有开饭。放在入口的西芫菁幼虫，也不但不想进去，而且抛弃蜂房，跑到了玻璃管里；放在蜂房内壁离蜜不远处的西芫菁幼虫，也急急忙忙跑出来，因为被粘住，每走一步就一个趔趄；我放在蜜上面以为挺优待它们的那些西芫菁幼虫，也挣扎着乱扑腾，陷进黏乎乎的蜜浆里闷死了。我的实验还从来没有遭到过这样的惨败。幼虫、蛹、蜂房、蜜，我全都给你们了，该死的小虫，究竟你们想要怎么样啊？

一切尝试都一无所获，我心里烦透了。一切都必须重新开始，我便到卡班特拉去。可是太晚了，条蜂已经结束了它的工程，我什么新情况都没看到。我过去曾经跟杜福尔谈起西芫菁，这一年，我从他那里得悉，这种由他在土蜂身上找到的小虫，后来由牛波特认定是一种短翅芫菁的幼虫。我在饲养西芫菁幼虫的条蜂蜂房里，的确发现过几只短翅芫菁幼虫。这两种芫菁的习性有没有类似之处呢？这好似一线希望的亮光，当然我还有充足时间深思熟虑，因为我还得等待一年呢。

四月，我的西芫菁幼虫像通常一样活动起来。我随便抓了一只膜翅目昆虫，一只壁蜂，把它扔到瓶子里去，那里有几只西芫菁幼虫。一刻钟后，我用放大镜查看，五只西芫菁幼虫钉在壁蜂胸部的毛皮上。行了，问题解决了！西芫菁幼虫跟短翅芫菁幼虫一样，趴在东道主的胸上，由东道主运到蜂房里去。我用到我窗前的丁香花上来采蜜的各种膜翅目昆虫，特别是雄性条蜂，反复实验了十次，结果都一样：幼虫钉在它们胸部的毛中间。但是，在经过这么多次失望之后，我还是不要轻信，最好是到现场去观察事实。正好复活节学校放假，我可以从容不迫地进行观察。

当我又站在条蜂筑窝的陡直边坡前时，我的心跳得比平常快。实验会得出什么结果呢？我会不会再一次羞愧满面呢？天气寒冷多雨，在寥寥几朵盛开的迎春花上，一只膜翅目昆虫也没有。许多冻得麻木的条蜂蜷缩在洞口一动不动，我用镊子把它们一个个从躲藏的地方夹出来，放在放大镜下检查。第一只胸上有几只西芫菁幼虫；第二只也有这么多，第三只，第四只，我要检查多少只，情况都一样。我换个蜂窝，十次，二十次，结果都没有什么不同。这个时刻，对于我来说，就像那些人一样，在多年以各种方式考虑一种想法之后，终于可以高喊道：行了！

以后几天，天气温暖晴朗，条蜂可以离开隐蔽所，飞到田野各处采蜜了。我又开始观察这些条蜂，它们就在出生地附近，或者在稍远的地方，不停地从一朵花飞到另一朵花。有的条蜂身上没有西芫菁幼虫，而更多的条蜂胸部的毛中间有两只、三只、四只、五只乃至更多的西芫菁幼虫。在阿维尼翁，我还没见到过肩衣西芫菁，在同一时期，我观察在丁香花中采蜜的条蜂，都没有发现它们身上有西芫菁的初龄幼虫；相反，在卡班特拉，没有一个条蜂窝里没有西芫菁幼虫，我检查过的条蜂中几乎四分之三，胸部中央都有几只这些幼虫。

但是，如果我在洞穴前庭里寻找，这些幼虫前几天还成堆地待在那儿，可如今我却找不到它们了。由此可见，西芫菁幼虫出于本能，警惕地守候在这些巷道里，等到条蜂打开蜂房，走进巷道，打算走到洞口飞走的时候；或者由于天气恶劣或者夜间，条蜂要暂时回到这里的时候，它们便钉在条蜂身上，钻进毛里，紧紧地贴在条蜂身上；当携带着它们的条蜂长途旅行时，它们根本用不着害怕会掉下来。西芫菁幼虫这样抓住条蜂，显然是为了让条蜂将它们带到储备着粮食的蜂房里去。

我最初以为它们要在条蜂身上生活一段时间，就像普通的寄生虫鸟虱、豆虱那样在动物的身上生活，靠动物来养活自己。根本不是这么回事，西芫菁幼虫钉在毛里，与条蜂的身体相垂直，头在里面，后部在外面，在条蜂背部一动不动。我没看到它在条蜂身上到处探索，寻找表皮最嫩的部位，如果它们真的要吸条蜂的汁液，是一定会这么做的。可是正相反，这些幼虫几乎总是钉在条蜂身上最硬最粗的部位，钉在胸部的翅窝上；或者在头上，这比较少见一些。它们依靠大颚、腿、第八体节上闭合的新月形器械，也依靠肛门圈的黏液，完全不动地固定在一根毛上。如果无法在这个位置待下去，它们便十分遗憾地从毛中间打开一条道路到胸部去，并像原先那样在另一根毛上固定下来。

为了更清楚地证实，西芫菁幼虫不是靠吃条蜂身上的东西维生，我有时在瓶子里，把死了很久完全干枯的条蜂，放在它们够得着的地方。这些尸体顶多只能咬嚼而根本吮不出什么来，可是西芫菁幼虫仍然走到习惯的位置，在那里一动不动，仿佛条蜂还活着似的。可见这些幼虫并不吃条蜂身上的任何东西；但是它们会不会像鸟虱啃鸟的羽毛那样啃条蜂的毛呢？

幼虫要啃条蜂的毛需要有一个比较有力的口器，尤其是角质粗壮的大颚，可是幼虫的大颚是那么细，用显微镜观察都看不出来。诚然，幼虫大颚强壮；不过这细长而弯曲的大颚，用来拉和撕东西的确不错，可无法用来啃咬和咀嚼。我还有一个证据可以说明西芫菁幼虫在条蜂身上没有丝毫作为，条蜂丝毫没有因为身上有这些幼虫而感到不舒服，我没有看到它企图摆脱这些幼虫。我把一些没有西芫菁幼虫的条蜂和一些带着五六只幼虫的条蜂分别放在瓶子里，当囚禁的混乱平静下来后，我看不出那些带有西芫菁幼虫的条蜂有丝毫的异常。如果所有这些理由还不够，那我就再补充一点。一只小虫，它能够七个月不吃不喝，再说，过不了几天就可以吃到非常美味的流体物质了，难道如今却会去啃条蜂干巴巴的毛！如果是这样，这种虎头蛇尾真是太奇怪了。因此，在我看来，西芫菁幼虫在条蜂身上安身，只是为了让条蜂把它们带到蜂房去，造蜂房的工作很快就要开始了。

条蜂经常在花丛中迅速飞行，当它走进巷道藏身时会跟墙壁摩擦，尤其是它经常用腿来刷毛，把毛掸干净；这些未来的寄生虫要想被带到蜂房里去，就必须能够一直待在寄主的毛中，因此它就需要这种奇怪的器械。我前面说过的，我曾寻思幼虫以后必须在上面安身的如此摇晃而危险的物体究竟是什么，如果幼虫只是在普通的平面上停留、走动，是无法解释为什么需要这样的器械的。这物

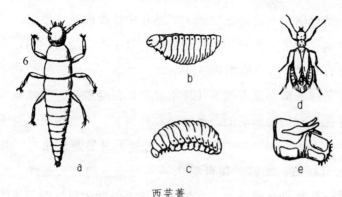

西芫菁

a.初龄幼虫　b.二龄幼虫　c.三龄幼虫　d.西芫菁
e.鼻腔纺丝器和弯钩

体，就是条蜂的毛，条蜂整天快速飞行，时而进入狭窄的巷道，时而强行钻进花冠的小花钟里，当它休息时就用腿来刷毛，把毛上面的灰尘掸掉。

　　现在，我完全明白那新月状器械的用途了，器械上的两个角靠拢起来就可以抓住一根毛，比最细的镊子夹得还要好；我看到一有危险，肛门就会排出黏胶不让幼虫掉下去；最后我还了解了腿节和爪上的弹性纤毛所能起的有益的作用，这些纤毛在光滑的平面上行走时的确非常碍事，可是在条蜂的背上，这些纤毛简直就是一个锚，它像探头一样深入到条蜂的毛里去。这种看似任意而多余的附肢，当幼虫在光滑的平面上艰难地爬行时，我越是深思，对于这些工具越会赞叹不已，因为它们使纤弱的小幼虫有多种手段保持平衡，而且这些手段都十分有效。

　　在叙述西芫菁的幼虫怎样抛弃条蜂的身体，然后又发生什么变化之前，我不能不谈谈一个非常值得注意的现象。迄今为止，我观察到的所有有幼虫钉在身上的，全是雄性的条蜂，无一例外。我从它们躲藏处取出来的是雄性的，我从花中抓到的是雄性的；尽管我拼命寻找，我没有找到一只自由的雌蜂身上带有幼虫。为什么没有雌蜂呢，原因是很容易找到的。

在条蜂筑窝的地方挖下几块土，我们便会看到，当雄条蜂已经打开并抛弃它们的蜂房时，雌蜂还在蜂房里，不过很快也要飞走。雄蜂约比雌蜂羽化大约早一个月，这并不只是条蜂如此；其他许多膜翅目昆虫，尤其是跟低鸣条蜂同居一室的三叉壁蜂，都是这样。雄壁蜂甚至在雄条蜂之前羽化，这个时期太早，西芫菁幼虫还没有受本能的刺激而活动起来。无疑，正是由于早熟，雄壁蜂才安然无恙地穿过西芫菁幼虫成堆的巷道，没有被这些幼虫钉在毛上；至少，我无法用别的理由来解释，为什么雄壁蜂的背上没有这些幼虫。如果人为地把这些幼虫放在壁蜂面前，它们就像对待条蜂一样，也非常乐意趴在壁蜂身上。

雄壁蜂先从共居的窝出来，接着是雄条蜂，最后雌性的壁蜂和条蜂几乎同时出窝。我在家里，在初春时节，观察前一年秋天采集到的蜂房裂开，很容易就看到了这样的顺序。

在出窝时，雄条蜂在穿过西芫菁幼虫十分警觉地等候着的巷道时，就被钉上了一定数量的幼虫；那些走进没有幼虫的巷道的条蜂，虽然第一次可以逃过敌人的攻击，可它们逃得过今天，却逃不过明天；因为下雨、冷风和夜晚，它们又回到原先的窝里来，它们在四月的大部分日子里，时而躲在这个巷道里，时而躲在那个巷道里。雄条蜂在洞穴前庭来来去去，由于天气不好而不得不在那里呆相当长的时间，这便给西芫菁幼虫提供了最有利的机会，溜进它们的毛里站稳脚跟。这样的情况持续大约一个月后，几乎没有或者只剩下很少的幼虫，没有达到目的而到处游逛。这时，我除了在雄条蜂身上外，在别的地方都找不到这些幼虫了。

因此，雌条蜂在将近五月出窝时，在巷道里很可能没有粘上这些幼虫，或者粘上的数目很少，无法跟雄蜂身上的相比。的确，我四月在我家附近观察到的头批雌蜂身上都没有这些幼虫。西芫菁幼虫目前在雄蜂身上，可是它们最后必须在雌蜂身上安身，因为雄蜂根本不参加建造蜂房和给蜂房储备粮食，是不会把它们带进蜂房的。所以西芫菁幼虫在某个时候必须从雄条蜂转到雌条蜂身上去。毫无疑问，搬迁的最佳时机是在两性交配的时候。雌蜂在与雄蜂拥抱中，既获得了子女的生命，同时又给子女带来了死亡；就在雌蜂为了种族的延续而与雄蜂交配的时候，时刻窥伺机会的寄生虫就从雄蜂转到雌蜂身上，以便把这个种族消灭掉。

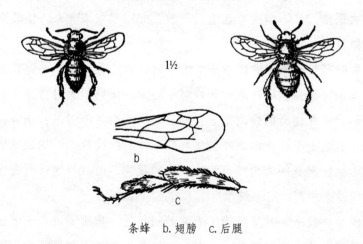

条蜂　b.翅膀　c.后腿

下面这个实验很有说服力，虽然它只不过大体再现自然的情形，但可以作为这个推论的证明。我把一只雄蜂放在一只从蜂房里抓来、身上没有西芫菁幼虫的雌蜂身上，尽可能不让它们乱动，使这两只异性的条蜂保持接触。我强迫它们结合15～20分钟后，原先在雄蜂身上的幼虫就跑到雌蜂身上去了；当然，在这样不完备的条件下，实验并不都能成功。

通过观察我在阿维尼翁所能发现的很少量的条蜂，我有可能掌握它们工作的精确时间。第二年5月21日星期四，我急急忙忙地到卡班特拉去，我有可能会看到西芜菁幼虫是怎样进入条蜂的蜂房的。我没有搞错，工作正热火朝天地进行。

在一个高高的土层前面，一窝蜂被太阳晒得暖烘烘的，在阳光下乱舞。这是一群土蜂，密集的厚度有几法尺，面积有笔直的坡面那么宽。从乱哄哄的蜂群里，可以听到一种单调但令人心悸的嗡嗡声，在这熙熙攘攘、乱成一团的你来我往中，我看得眼花缭乱也看不出个究竟。不断地有几千只条蜂快得像闪电一般飞走，四散到田野里去采蜜，又不断地有几千只满载着蜂蜜和灰浆飞来，使蜂群一直保持着吓人的规模。

那时我对于条蜂的性格还不大了解，我心想，糟了，该我这个莽撞鬼倒霉了，他居然敢闯到蜂群中心来，居然胆大得冒冒失失地把手伸进正在建造的蜂窝里去！愤怒的蜂群会立即包围我全身，我大概要被蜇上千百个洞，作为这种疯狂举动的代价的。想到这里，再加上回忆起我因为想观察黄边胡蜂的巢脾，而离得太近所遭到的不幸事故，我害怕得不禁浑身上下打起哆嗦来。

但是，我来到这里是为了弄清楚问题的，我非要进入这可怕的蜂群不可；我必须整整几个小时，也许整天都待在那里，在会被我扰乱的工程面前观察。我手拿放大镜，在上下飞舞的愤怒的蜂群中间，仔细地观看蜂房里面发生的事情。使用面罩、手套、任何外套都是行不通的，因为要进行研究，手指必须十分灵活，眼睛必须哪里都能看到。没关系，即使从蜂窝里出来时，我的脸会肿得无人认得出来，今天也一定要给这个问题找到答案，这个问题纠缠我太久了。

我在蜂群外面对着出发采蜜或者采蜜回来的条蜂挥动几下捕虫网，我很快就知道了，正像我所料到的那样，西芫菁幼虫就在雌条蜂的胸部，而且跟在雄蜂身上一样，在同一个位置上。机不可失，别耽搁了，我去看看蜂房吧。

我立刻采取措施，把衣服裹得紧紧的，尽量不让条蜂蜇着，然后就钻进蜂群中去。我挖了几镐，虽然引起了条蜂的更大声的轰鸣，令人不免有点担心，可是我很快就挖下一块土，立即逃了出来，对自己还安然无恙而且没有被追赶感到相当惊讶。但是我刚才挖的那块土太浅，里面只有壁蜂的蜂房，目前没有什么好看的。于是我第二次出征，时间比第一次更长，虽然我撤退时并不是急匆匆地扭头便跑，却没有一只条蜂来蜇刺我，也没有显出打算向侵略者冲上来的样子。

成功使我胆大起来。我一直待在建筑物前面，不断地把满是蜂房的土块挖下来，由于不可避免的忙乱，蜜洒了一地，幼虫被刨得开膛破肚，正在窝里忙着的条蜂被砸死了。这样的抢掠在蜂群中只是引起更响一点的嗡嗡叫罢了，蜂儿们并没有表现出任何敌对的态度。蜂房没受到攻击的条蜂忙着自己的工作，仿佛旁边没有发生任何异常的事情似的；蜂房被破坏的则设法修补，或者惊慌失措地在废墟前飞着，但没有一只蜂儿显出要向破坏者扑上来的样子，顶多有几只更生气的条蜂，时不时地飞到我的面前两法寸远，跟我面对面地对峙，奇怪地审视一会儿，然后便飞走了。

尽管条蜂选择同一个地方造窝，令人以为它们建立了有共同利益的共同体，可是它们服从的仍然是"人人为自己"这条自私的规律，不知道要联合起来，赶走威胁它们的敌人。每只被分别抓到的条蜂，甚至不知道向破坏它的蜂房的敌人扑去，用螯针把它赶走。这种性情温和的条蜂急忙离开被铁镐震得摇晃的屋子，一瘸一瘸地仓皇逃窜，有时甚至受到致命伤，却没有想到使用它的毒螯针，除非被抓住。别的许多膜翅目昆虫，不管是采蜜的还是捕猎的，也都一样温和厚道。因此，在经过长时间实验之后，我今天可以肯定，只有群居的膜翅目昆虫，比如家蜜蜂、胡蜂和熊蜂，知道组织共同的抵抗，也只有它们敢于孤身一人扑向侵略者，向侵略者进行复仇。

幸亏泥瓦匠条蜂意想不到的温和，我才能够虽然没有采取预防螯刺的措施，却可以整整几个钟头坐在一块石头上，在嗡嗡叫、乱哄哄的蜂群中间，不慌不忙地一直进行研究，没有挨一下刺。一些乡下人从那里路过，看到我若无其事地坐在一窝蜂中间，惊讶得目瞪口呆，便停下来问我是不是给这些蜂施了法术，因为我显得对此压根不害怕似的。"哎，我的好朋友，你是给蜂施了法术吧？"我那些散在地上的各种家伙，如盒子、瓶子、玻璃管、镊子、放大镜，无疑被这些善良的人们当作是我施法术的工具了。

现在我开始检查蜂房。有些蜂房还打开着，储存的蜜有的多，有的少；其他的蜂房则已经用土盖子密封起来，里面装的东西非常不同。有的是一只已经吃完或者即将吃完蜜浆的条蜂幼虫；有的也是一只幼虫，像条蜂一样呈白色，但是肚子大一些而且形状很不相同；有的是蜜，卵浮在上面。蜜是黏糊糊的液体，淡棕色，难闻的气味十分冲人。卵非常白，圆柱状，略弯成弧形，长四五毫米，宽约一毫米，这是条蜂的卵。

在一些蜂房里，只有条蜂卵漂浮在蜜上；在大多数蜂房里，我看到西芫菁幼虫附在条蜂的卵上面，就像搁在木排上似的，它还像刚从卵里孵出时那样大。这就是藏在条蜂家里的敌人。

　　强盗是什么时候和怎样进入的呢？在我观察过的所有蜂房，都看不出有任何可以钻进去的裂缝，全都密不透风。那么，寄生虫一定是在仓库封闭之前就已经在里面了，另外，我发现那些装满了蜜但大大敞开，还没有条蜂卵的蜂房里，一定没有寄生虫。因此，西芫菁幼虫是在产卵时或者在产卵后，当条蜂正忙着砌门的时候进入蜂房的。我不可能用实验的办法确定，西芫菁幼虫是在哪个时期进入蜂房的，因为显然，条蜂再温和，我也别想当它正在产卵或者正在封门时，看到蜂房里发生什么事情。但是，做了几个实验后，我可以深信，卵产在蜜上的时候，就是西芫菁幼虫安身在条蜂蜂房里的唯一时刻。

　　现在我取出一个装满蜜并产了卵的条蜂蜂房，把盖子掀开，将蜂房跟几只西芫菁幼虫一起放到一个玻璃瓶里。这些幼虫似乎压根也没有被刚刚摆在它们跟前的琼浆玉液所引诱，它们在管子里随意游逛，在蜂房外面溜达，有时来到蜂房的洞口，但很少会冒险进到蜂房里面去，即使走下去了立即又会跑出来。蜂蜜只装了蜂房的一半，如果有某一只幼虫走到蜜浆那里，它一感觉到那黏糊糊的土地会活动，自己在那上面会陷进去，便企图逃走，可是由于蜜粘住了它的腿，它一步一趔趄，常常会掉进蜜里淹死了。

　　我还用下面这种方式进行实验。我准备了一个蜂房后，尽可能小心地把一只幼虫放在蜂房的内壁上，或者就放在食物的表面。在前一种情况下，幼虫急忙要出去；在第二种情况下，它在蜜上面挣扎一会儿，陷到了里面，它费尽力气要到岸边去，可还是被黏性的湖水淹死了。

　　总之，无论采取什么办法，想把西芫菁幼虫放在已经储备着食物并有卵的条蜂蜂房里，这种企图都没有取得成功，只有条蜂幼虫已经开始进食的蜂房里，才会找到这种寄生虫。因此当泥瓦匠条蜂在蜂房里或者在蜂房的入口时，西芫菁幼虫肯定不会松开条蜂的毛，自己跑到它所觊觎的蜜那里去的，因为只要它的跗节不幸碰到危险的蜜沼，那么它就必死无疑。

　　既然我只能假定西芫菁幼虫是在条蜂造房门时，才离开寄主毛茸茸的前胸，神不知鬼不觉地进入洞口还没完全封闭的蜂房，那么只剩下产卵的时刻需要看看了。先回忆一下，我在封闭后的蜂房里发现的西芫菁幼虫总是在卵的上面。过一会儿我将会看到，卵既是供小虫在这个凶险的湖上漂浮的木排，又是它最初必不可少的食粮。为了到达这个位于香蜜湖中心的卵，为了得到这个木排和最初的口粮，初生的幼虫显然有办法避免跟蜜发生致命的接触，而这办法只能由西芫菁幼虫自己寻找。

　　反复进行的观察证明，在任何时候，每个蜂房里只有一只西芫菁幼虫侵入，它以后会相继演变为各种各样的形状。在条蜂前胸柔软的毛丛里有好几只初生的幼虫，它们全都眼巴巴地等待有利的时机，钻进这个安乐窝好继续发育。那么，既然可以设想，它们经过八个月绝对禁食后，一定饥肠辘辘，可为什么它们不是遇到第一个蜂房便一拥而上，而是一个个按照严格的次序，进入条蜂正在储备粮食的各个蜂房呢？这里应该还有西芫菁的独立行为。

　　西芫菁幼虫不从蜜上走而到达卵的上面，所有在条蜂的体毛中等候的西芫菁幼虫，只有一只进入蜂房，为了满足这两个必不可少的条件，只可能有一种解释：那就是设想在条蜂的卵从产卵管里出来一半时，所有从胸部跑到腹部末端的西芫菁幼虫中，有一只由于位置有利而即时地趴在卵上并跟着卵一起到达了蜜的表面。卵桥太窄无法容纳两只幼虫。除此之外，不可能有别的办法实现这两个条件。可惜这种情况无法直接观察，不过我提出的这个解释具有一定的可信度。诚然，这意味着这种必须在危险中生活的小不点幼虫具有惊人的灵感，并且以一种令我们惶惑的逻辑性来使手段适应于目的。我们对昆虫本能的研究，难道不是总会得出这样的结论吗？

条蜂在把一粒卵产到蜜上的同时，也就把种族的天敌放进了蜂房里；它认真地砌造盖子把蜂房的大门封闭，于是万事大吉。第二个蜂房就建在旁边，这间蜂房多半具有同样致命的用途；条蜂就这样一间一间地盖蜂房，直至它的毛里藏着的寄生虫全都安顿下来。且让这个不幸的母亲继续去完成那一无成果的工作，我们把注意力放到那只幼虫身上吧，它刚刚如此巧妙地取得食物和住所，看看它是怎么行事的。

打开刚砌好的蜂房盖子，我发现刚产下不久的卵上面，有一只幼小的西芫菁幼虫。卵毫无损坏，状况良好，可是现在厄运开始了，一只小黑点的幼虫在卵的白色卵壳上奔跑，停下，用它的六条腿让自己牢牢地平衡竖立；然后用大颚的尖钩抓住卵的嫩皮，粗暴地拽着直至把皮撕破，让卵里面的东西淌出来，贪婪地吸吮。寄生虫大颚对篡夺的蜂房的第一记打击，目的在于摧毁条蜂的卵。这种预防措施是非常合乎逻辑的！我们将会看到，西芫菁幼虫要靠蜂房的蜜来维生；从卵里孵出来的条蜂幼虫也要吃这食物；但是粮食太少不够两只虫吃的，因此赶快用大颚摧毁条蜂的卵，困难就解决了。叙述这样的事情是用不着注解的，西芫菁初生幼虫的口味很特别，非要以条蜂卵作为第一份口粮不可，所以摧毁这个碍事的卵就更加不可避免了。的确，我先是看到幼虫贪婪地吮着从破碎的卵皮流出来的汁；接连几天，我都看到它时而在卵壳上一动不动，时而用头在那上面搜寻，时而从卵壳的一头走到另一头，再把它戳破，让它再流出几滴汁来，当然，汁一天比一天少了；我从来没有看到它去汲四周的蜜。

条蜂卵同时具有第一份口粮和救生筏的作用，很容易理解。我在一间蜂房的蜜上放了一条跟卵一般大小的小纸带，然后把一只西芫菁幼虫放置在纸木排上。尽管我十分小心，多次反复尝试都失败了。搁在一根纸带上被放到蜜中间的幼虫，它的行为就像前面那些实验中一样，它没有找到合口味的食物，便企图逃走，可是它一丢掉那纸带就被淹死了。

相反，利用还没被寄生虫侵入而且卵还没有孵化的条蜂的蜂房，饲养西芫菁幼虫就容易多了。只要用一根湿的针尖把西芫菁幼虫挑起后小心地放到卵上，就不会有逃亡的事发生。在对卵进行探察，找准位置后，幼虫就把卵戳破，好几天不改变位置。从此，只要蜂房不是蒸发得太快使蜜干了而无法吃，那么它的发育就没有什么障碍。因此，条蜂的卵对于西芫菁幼虫是绝对必需的，这卵不仅是它的小舟，而且是第一份食物。我原先不知道这种情况，企图在瓶子里饲养幼虫可总是失败，这就是秘密之所在。

八天之后，被幼虫吸尽的卵只剩下一片干巴巴的薄膜。第一餐饭吃完，西芫菁幼虫长了有一倍那么大，背上从头裂到胸部的三个体节，从裂缝里出来一个白色的小幼虫，这是这个奇怪的幼虫的第二种形状，小家伙掉到蜜的表面上，蜕下的皮仍然固着在至今一直承载着幼虫，并为它提供食粮的木筏上。很快，西芫菁初龄幼虫和卵的残骸，便被二龄幼虫掀起的蜜浪淹没而消失，关于西芫菁初龄幼虫的故事到此结束了。

现在，我来做一番概述：我看到这奇怪的小家伙在七个月中什么也不吃，静静地等待条蜂的出现，先出窝的雄蜂穿过走道时，一定会从它们身旁经过，这时它们便攀在雄蜂前胸的毛上。三四星期后，在交配的时候，幼虫从雄蜂转到雌蜂身上，然后当卵从产卵管产出时又转到卵上去。正是通过这一连串复杂的动作，幼虫终于趴在一枚卵上，到了一个封闭着而且装满了蜜的蜂房里。先是在整天活动着的条蜂一根毛上走钢丝，时时有性命之危，接着从雄蜂转到雌蜂身上，然后通过卵这座架在黏黏的深渊上的桥，来到蜂房的中间，这一切要求幼虫具有我前面介绍过的平衡器官。最后，要想把卵摧毁就要有锐利的剪刀，而这正是它那尖而弯的大颚的用途。西芫菁最初的形状，其作用就是让条蜂把它运送到蜂房中去并把卵戳破。之后，身体形状发生了如此巨大的变化，需要反复观察才能够相信亲眼所看到的东西。

第十六章 🐝 短翅芫菁的初龄幼虫

我 现在搁下西芫菁的故事来谈谈短翅芫菁。这种难看的金龟子，有着笨重的大肚子，软弱无力的鞘翅在背上大大张开，就像大胖子穿着过窄的衣服把下摆撑开似的；讨厌的颜色黑黑的，有时还杂着绿色；更讨人厌的是形状和步态。这种昆虫令人恶心的防御系统，更会引起人们的反感。短翅芫菁认为自己有危险时，便使出自动渗血的手段。一种淡黄色油腻腻的液体从体节渗出来，你用手抓它，手指上就会沾上黑点，还有一股恶臭味。这便是它的血。英国人为了提醒人们，记住昆虫在自卫时这种油腻腻的渗血，把短翅芫菁称为油金龟子。这种鞘翅目昆虫如果不是幼虫的变态和迁徙跟西芫菁完全一样，就没什么好谈的。当短翅芫菁处于第一种形态时是条蜂的寄生虫；它破卵而出后，由条蜂带进蜂房里去，而条蜂的储粮则成为它的食粮。

昆虫学家们观察到，这种稀奇古怪的小虫子，躲在各种膜翅目昆虫的毛中间，可是由于不知道它的真正来源而出了差错，把它作为无翅昆虫中的一类，或者一个特殊的种。林奈称之为蜂虱，他看到这种虫是寄生虫，是生活在采蜜者的毛中的一种虱。著名的英国博物学家牛波特通过观察指出，这所谓的虱子，是短翅芫菁的初始形态。我专门进行的观察使我可以弥

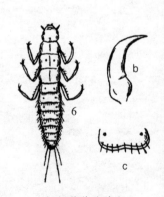

短翅芫菁的幼虫
b.大颚　c.腹部环

补这位英国学者的论文中的一些缺陷。因此，我将对短翅芫菁的演变作一些说明，同时在我没有观察到的方面使用牛波特的资料；我将对具有同样习性和变态的西芫菁和短翅芫菁进行比较；通过比较将会对这些昆虫奇怪的变态有所了解。

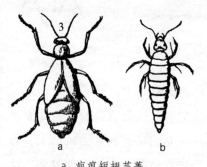

a. 疤痕短翅芫菁
b. 它的初龄幼虫

低鸣条蜂不仅喂养了西芫菁，而且在自己的蜂房里也喂养某些罕见的疤痕短翅芫菁。我们地区的另一种条蜂黑条蜂更容易受这种寄生虫的侵袭。牛波特也是在条蜂，不过是钝背条蜂的窝里观察到短翅芫菁的。疤痕短翅芫菁选择的这三个蜗居可能具有某种意义，它使人猜测，每一种短翅芫菁可能是不同膜翅目昆虫的寄生虫。在我观察初龄幼虫如何进入充满蜜的蜂房时，这种猜想就可以得到证实。不大改变住所的西芫菁也可以住在不同类条蜂的窝里，它们在低鸣条蜂的蜂房里最常见；但是在面具条蜂的蜂房里，我也曾见到它们，不过数量很少。我为了了解西芫菁而经常挖掘条蜂的窝，发现里面有疤痕短翅芫菁，可是我却从没有看到过它跟西芫菁一样待在过道的入口，漫步在垂直的土面上，以便到里面去产卵；如果哥达尔、吉尔，尤其是牛波特没有告诉我们，短翅芫菁把卵产在地上，我对于产卵的详细情形是一无所知的。据牛波特说，他所观察到的各种短翅芫菁，在干燥朝阳的土地上，在一簇草的根部，挖一个两法寸深的洞，在里面产下一堆卵后，仔细地把洞再掩埋起来。产卵在同一季节，间隔若干天，重复三四次。每次产卵时，雌短翅芫菁都单独挖一个洞，产卵之后一定会把它再盖起来。

这个工作是在四五月间进行的。

一次产卵的数目真多，根据牛波特的估计，普
罗短翅芫菁第一次产卵的确是最多的，数目惊人，
有4228个卵；比西芫菁产卵数目多一倍。在第一次
之后，它还要接着产卵两三次，那该有多少啊！短
翅芫菁的幼虫生在远离条蜂窝的地方，所以不得不
亲自去寻找向它们提供食物的膜翅目昆虫，因此会

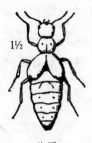

普罗
短翅芫菁

冒许多危险；而西芫菁把卵就放在蜂窝的巷道上，或者条蜂一定要
经过的巷道上，幼虫就可以免遭无数危险。短翅芫菁没有西芫菁这
种本能，所以它们的繁殖力要强得多。它们虽然死亡的机会大，可
胚胎的数目多，这样，产卵管提供的财富便弥补了本能的缺陷。使
产卵管的繁殖能力和不完善的本能得以平衡，这是多么卓绝的和
谐啊！

卵产下大约一个月后，在五六月孵化。西芫菁的卵也是在产
卵后一个月内孵化的。但是短翅芫菁的幼虫运气好，可以立即去寻
找将要向它们提供食物的膜翅目昆虫；而西芫菁幼虫是在九月孵化
的，只好什么也没得吃，就守在条蜂蜂房的门口，等候条蜂出窝，
一直等到来年的五月。我不想描述短翅芫菁的初龄幼虫，因为通过
牛波特的描述和提供的图，我对它们已经相当了解；为了理解下面
将要谈到的内容，我只介绍一点，短翅芫菁的初龄幼虫像一种黄色
的小虱子，扁扁长长的，春天，在各种膜翅目昆虫的毛里面都可以
找到。

这种小幼虫在地下孵化出来后，怎么从地下去到某种蜂的毛
里呢？牛波特猜想是这样的：短翅芫菁幼虫从出生的地穴里出来，
爬到附近的植物，主要是菊苣上，躲在花瓣里等待膜翅目昆虫来采

蜜，然后立即攀在它们的毛上面由它们带走。我不像牛波特仅是猜想，对于这个有趣的问题，我亲自做过观察和实验，而且很成功。我要把结果叙述出来，作为蜂虱生活史的第一个特征。观察的日期是1858年5月23日。

这次我是在从卡班特拉去贝瑞的公路旁垂直的边坡上进行观察的，无数群条蜂在开发这个被太阳晒焦的边坡。黑条蜂比别的蜂儿手巧，会用蠕虫状的细土在过道的入口，建造一个防御性的弯曲圆柱体状的棱堡。从路边到边坡脚下有薄薄的一层草，为了更舒适地观察正在工作的条蜂，我躺在草地上，就躺在这些不伤人的蜂群中间，希望能够了解一些它们的秘密。这时大批急切地在草丛中东奔西跑的黄色小虱子爬上我的衣服，我身上爬满了这种像赭石粉般的小虫子，我很快就认出这些是我的老相识短翅芫菁幼虫，不过以往我都是在膜翅目昆虫的毛上或者在它的蜂房内见到的，在别的地方这是第一次看见。我是不会错失机会的，我要看看这些幼虫是怎样在为它们提供食物的昆虫身上安下身来。

我躺着休息一会儿便浑身爬满虱子，草地上有几种开着花的植物，最多的是甜菊、千里光和春白菊。牛波特相信他记得是在一种菊科植物，一种俗称"狮齿草"的蒲公英上观察到短翅芫菁幼虫的。所以我首先注意那几种植物，几乎在这三种植物所有的花上，特别是春白菊的花上，或多或少都有短翅芫菁幼虫，我真是太满意了。在一株春白菊上，我可以数出50来只这种小家伙，蜷缩在小花中间，一动不动。在这些植物中间，还杂乱地长着虞美人和野芝麻菜，可是在它们的花上面却找不到这些虫子。因此，我觉得短翅芫菁幼虫只是在菊科植物的花上，等待膜翅目昆虫的到来。

这群小家伙趴在菊科植物的花上一动不动，似乎眼下它们的目的已经达到；很快我又发现了另一种虫子，数量更多，它们那么焦躁不安地奔走，说明它们的寻找没有取得成果。无数小幼虫在地上，在草地下忙忙碌碌地奔跑，好像热锅上的蚂蚁那样乱糟糟的；一些则匆匆忙忙地爬到一根草尖上，然后又匆匆忙忙地下来；一些则钻到毛茸茸的干枯的鼠麴草中去，在里面待了一会儿，不久后又出来重新寻找。后来，我稍微注意观察，才知道在十来平方米的面积上，几乎每一根草上都有好几条这样的幼虫。

我贪婪地看着短翅芫菁初生的幼虫从出生的地穴里出来，一部分蹲在春白菊和千里光的花里等待膜翅目昆虫的到来，但大部分还在东奔西走寻找临时栖息地，我躺在边坡脚下时，浑身爬满的就是这些四处走动的虫子。这些幼虫的数目吓人，我敢说千余条都不止，尽管牛波特告诉我们短翅芫菁的繁殖力惊人，可是它们数目是那么大，我无法相信这些全都属于一个家庭，是同一个母亲的孩子。

路边草地很大，可除了筑窝条蜂居住的边坡对面几平方米之外，别的地方我连一只短翅芫菁幼虫都找不到。因此，这些幼虫不会是从远方来的；它们跟条蜂是近邻，用不着长途跋涉，我在任何地方都看不到落后掉队的，而这种情况在远行商队中是不可避免的。幼虫孵化的地穴就在条蜂窝对面的这个边坡里，由此可知，短翅芫菁并不是人们根据它们的流浪生活而可能认为的那样，随便把卵产在什么地方，它知道条蜂会到什么地方去并把卵产在附近。

在紧靠条蜂窝的菊科植物的花朵里，有这么多的寄生虫，所以肯定大多数蜂窝迟早都要被占领的。在我进行观察的时候，这个饥饿军团中，在花上等待的还是很小的一部分，大部分还在条蜂很少歇脚的地上四处流浪；可是几乎所有被我抓来检查的条蜂胸部的毛中间，都有好几只短翅芫菁的幼虫。

我在条蜂的寄生虫毛足蜂和尖腹蜂身上，也找到了短翅芫菁幼虫。这些膜翅目昆虫是专偷储备好粮食的蜂房的窃贼，它们原先在正建造着的巷道前，无所顾忌地来回走动，后来到菊科植物的化中停留一会儿，就在这个时候，小偷也被偷了。当这个寄生虫摧毁了条蜂的卵，把自己的一只卵产在抢来的蜜上面时，一只不起眼的小虱子溜进小偷的毛中，并跟着溜到它的卵上面，然后把这卵摧毁而自己成为这些粮食唯一的主人。就这样，条蜂采集的蜜浆经过三个主人的手，终于成为最弱者的财产。

那么，谁能告诉我们，短翅芫菁会不会自己也被另一个窃贼赶走，或者目前这种半睡半醒的胖幼虫，会不会也成为某个掠夺者的猎物，而被活活地开膛破肚呢？当想到自然迫使这些生物为了生存而这样殊死地无情斗争，轮番成为占有者和被剥夺者，吞食者和被吞食者时，各种寄生虫为了达到自己的目的，而使用的各种手段时，我惊叹不已；同时我也油然产生了一种痛苦的感情，暂时忘记了发生这些事情的小小星球，面对着这一连串的扒窃、奸诈和抢掠，而这一切，唉，却属于滋长万物的母亲[①]的观点，心中不免一阵恐惧。

寄居在条蜂或者条蜂的寄生虫毛足蜂和尖腹蜂毛里的短翅芫菁，走着一条非走不可的路，它们迟早会来到它们要去的蜂房的。是明智的本能要它们作出这样的选择呢，或者仅仅是偶然碰运

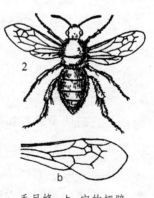

毛足蜂　b. 它的翅膀

① 指"自然"。——译注

气的结果？到底是哪种情况，我很快就可以弄清楚。好些双翅目昆虫，比如尾蛆蝇、丽蝇，不时地落在被短翅芫菁幼虫占据的千里光和春白菊的花上，在那里待一会儿，吮吸渗出来的甜汁。除了极少数例外，我在大部分这些双翅目昆虫中都找到了短翅芫菁幼虫，在寄主胸部柔软的丝绸间一动不动。还有一种砂泥蜂毛刺砂泥蜂身上也有这些幼虫，毛刺砂泥蜂在春天给地穴储备一条幼虫，它的同类则在秋天筑窝。毛刺砂泥蜂一直在一朵花上擦来擦去，我抓住它，看到一些短翅芫菁幼虫在它身上来回走动。尾蛆蝇和丽蝇的幼虫生活在腐烂的物质里，毛刺砂泥蜂用幼虫喂养它的子女，显然，不管是尾蛆蝇和丽蝇还是毛刺砂泥蜂，都绝不会把爬到它们身上的幼虫带到装满蜜的蜂房里去。因此，这些幼虫走错路了，本能没有起到作用，这是很少见的。

现在我去看看在春白菊花上伺机而动的短翅芫菁幼虫。它们10只，15只或者更多，半埋在花钟里，小虫琥珀色的身子跟黄色的花钟混在一起，不注意是看不出来的。如果花上面没有什么异常的情况，如果没有突然的晃动说明有外来的客人，那么短翅芫菁幼虫便完全一动不动，就像死了似的。看到它们头朝下垂直倒挂在花钟里，我还以为它们在寻找甜汁作为食物呢；如果是这样，它们就要更经常地从一朵小花跑到另一朵小花的，可是它们没有这样做，它们只是在以为条蜂来到了才出来，而发现期待落空时，又回到花钟躲藏在它们认为最有利的地方。它们这样一动不动意味着，春白菊的小花只是它们的埋伏地，就像不久以后，条蜂的身子只是把它们运到蜂房去的车辆而已。因此，不管是在花上还是在条蜂身上，它们都不吃任何东西；它们跟西芫菁一样，第一餐饭就是条蜂的卵，大颚的弯钩就是用来把卵戳开的。

我必须重复指出，它们的不动是彻底的一动不动；可是要想让它们恢复活动，非常容易。用一根麦秸轻轻摇动春白菊的花，短翅芫菁幼虫立即离开它们隐藏的地方，在白花瓣四周探索前进，它们个子小，可以非常迅速地从花的一端跑到另一端。到达花瓣边上后，它们用尾部的附器，或者也许用类似西芫菁幼虫的肛门所分泌的黏性液体，把自己固定在那上面；它们的身子悬挂在外面，六条腿四边不靠，这样它们便可以向各个方向弯起身子，尽量把身体伸直，就好像它们要够到一个离得很远的目标似的。如果没有什么东西可以让它们抓住，它们在试了几次而没有达到目的之后，便又回到花中间去，过一会儿又一动不动了。

　　但是，如果在附近有什么东西，它们一定会以惊人的敏捷把它抓住。禾本科植物的一片叶子，一根麦秆，我放到它们跟前的镊子，一切都可以，只要它们还没有离开在花间的短暂逗留。不错，到了这些没有生命的物体上之后，它们很快就发现自己搞错了，便匆匆忙忙地走来走去，试图回到花上去。那些像这样傻乎乎地扑到一根麦秸上，然后又回到花上的幼虫，我很难再让它们上当，因此这些有生命的小不点也有某种记忆力，对事情有某种经验。

　　之后，我又用纤维性的物质进行实验，我用从我衣服上剪下来的小块毛呢或者丝绒，用棉塞子，用鼠麴草上摘下来的绒球，模仿膜翅目昆虫的毛。我把这些实验品用镊子送到它们跟前，短翅芫菁幼虫立即十分乐意地扑到上面去，但是它们根本没有像在膜翅目昆虫身上那样，在这些毛茸茸的东西中安顿下来，从它们惴惴不安的举止，我很快就相信，它们在这些毛皮里面就像在光滑的麦管上一样，感到惶惑不自在。我应该料到这种情况的，难道我没有见过它们在毛茸茸的鼠麴草上，不停地走来走去么？如果它们只要到了有毛茸茸的茅屋，就会以为到达了目的地，那么它们不要干任何别的事，就会死在植物的绒毛中。

现在我把活的昆虫放在它们跟前，我首选条蜂。我事先把条蜂身上可能带有的寄生虫去掉，抓住它的翅膀让它跟花接触一会儿，很快，短翅芫菁幼虫就钩在条蜂的毛上并敏捷地到了胸部，一般是背面或侧面；之后，它们就不动弹了，它们奇怪的旅行的第二站已经到了。

试了条蜂之后，我用在当时能够抓到的随便什么昆虫来试，如尾蛆蝇、丽蝇、蜜蜂、小蝴蝶，短翅芫菁幼虫毫不犹豫地爬上这些昆虫的身子；更妙的是，它们根本不想回到花上去。由于当时找不到鞘翅目昆虫，我无法用它们来实验。牛波特的确是在跟我很不同的条件下观察的，他是观察关在瓶子中的短翅芫菁幼虫，而我是在自然环境中观察。牛波特曾看到短翅芫菁幼虫附在囊花萤身上一动不动，我相信我如果用鞘翅目昆虫也可以获得跟用尾蛆蝇一样的结果。果然，我以后在一只大鞘翅目昆虫，喜欢到花上去的花金龟身上找到了短翅芫菁幼虫。

昆虫试完了，我就把一只大类石蛛放在它们跟前，这是我最后的一手了。它们毫不犹豫地从花上跑到蜘蛛身上，来到靠近腿根处，待在那里一动不动。为了离开它们暂时的居留地，它们似乎附在什么动物上面都可以，而不管是哪个类，哪个种，哪个纲，它们跟前碰巧遇到什么活的生物就附在上面。于是我们明白了，为什么在春天我可以在许多不同的昆虫，尤其是在花上采蜜的双翅目昆虫和膜翅目昆虫身上，观察到这种幼虫；我还明白了一只雌短翅芫菁产下这么多卵的必要性，因为绝大多数幼虫必然会由于差错而无法到达条蜂的蜂房。本能方面的不足就用繁殖力来弥补。

但是在另一种情况下，也必然有这种情形：我们前面看到，短翅芫菁幼虫十分乐意地从花转到它们身旁的任何东西上去，不管是没毛的还是有毛的，有生命的还是无生命的；在转移之后，根据寄主是昆虫还是其他东西，它们的行为极其不同。在第一种情况下，在一只双翅目昆虫和一只有毛的蝴蝶上，在一只蜘蛛和一只无毛的鞘翅目昆虫上，幼虫到了理想的部位之后便一动不动，它们本能的愿望已经满足了。在第二种情况下，在呢子和丝绒的毛中，在棉花或者鼠麹草绒毛的纤维中，在一根麦秸和一片光洁的叶面上，它不停地走来走去，努力要回到轻率地抛弃的花上去，这表明它们知道自己搞错了。

那么，它们怎么辨别它们刚刚从上面走过的物体的性质呢？为什么这种物体，不管表面的状态如何，有时会适合它们，有时又不适合呢？它们是不是靠视觉来判断它们的新居留地呢？如果是这样，那就不应该会搞错；视觉应该一上来就告诉它们，身旁的东西适合不适合，然后根据视觉的建议，再决定是不是迁居。其次，怎么能够认为，这些埋在厚厚的棉花球或者条蜂的毛里面的小不点幼虫，会靠视觉来辨认它走过的这个庞大的物体呢？

是不是靠接触，靠感觉出有活肉在颤动呢？也不是，短翅芫菁幼虫在完全干瘪的昆虫尸体上，在至少一年前从旧蜂房里取出来的死条蜂身上，也一直是一动不动的。我曾见到这些幼虫十分安详地待在截断的条蜂身上，待在被蛀虫蛀空很久的胸部上面。既然不能用视觉和触觉来作解释，那么它们是靠什么感官才有可能将条蜂的胸部和小毛团区别开来的呢？我还没有谈到嗅觉，那么，这嗅觉必须多么灵敏异常啊！或许我还可以设想，在适合短翅芫菁幼虫需要的所有昆虫中，在死的和活的，整条的和节段的，新鲜的和干瘪的之间，气味是多么相似啊！一只微不足道的虱子，一个活着的小不点，它的敏感性强到可以指引它的行为，真让我困惑。我已经有许许多多弄不清的谜，现在又增加了一个。

在作了这些观察之后，我还需要把条蜂居住的地皮挖开，我必须观察短翅芫菁幼虫的演变。我前面研究的是疤痕短翅芫菁，就是它破坏了条蜂的蜂房，我发现它在旧蜂房里没有出去。这个从未有过的机会，一定会给我带来丰富的收获的，我必须把别的事全都丢到一旁去。星期四就要结束了，我必须回到阿维尼翁去，第二天还要再去拿起电盘和托里切利管呢。多么令人高兴的星期四啊！可是时间太短了，我失去了多好的机会啊！

我让时光倒转一年，把这个故事继续下去；我做了相当多的笔记，的确那是在比较差的条件下做的，现在可以给我刚才看到的从春白菊花上迁居到条蜂背上去的小家伙写传记了。根据关于西芫菁幼虫的叙述，我认为短翅芫菁幼虫最先是爬到一种蜂的背上去的，它们这样做的目的，仅仅是让蜂儿把它们运到储备好食物的蜂房里去，而不是要吃掉运输者来生活一段时间。

这一点如果需要证明，只要指出我从未见过这些幼虫试图戳破条蜂的表皮或者啃嚼条蜂的毛，我也没有见到它们在条蜂背上时身材长大了。就像西芫菁幼虫一样，对于短翅芫菁幼虫来说，条蜂只是将它运到储备好粮食的蜂房的运输工具。

我还需要了解，短翅芫菁幼虫是怎样抛弃运载它的条蜂，钻进蜂房里去的。虽然我对西芫菁的策略还没有彻底的了解，我还是用从各种膜翅目昆虫身上收集到的幼虫，重复牛波特已经进行过的研究，以便对短翅芫菁的历史中这个首要问题有所了解。我的尝试是仿照西芫菁的实验进行的，但同样失败了。我让短翅芫菁幼虫跟条蜂的幼虫或者蛹接触，可短翅芫菁幼虫对这个猎物毫不在意；我把它们有些放在打开的而且装满蜜的蜂房附近，可它们并不走进蜂房或者至多只是到蜂房门口看一看；还有些被放在蜂房里面或者搁在蜜上，它们立即走了出来或者淹死了。它们跟西芫菁幼虫一样，跟蜜接触就会有致命的危险。

在低鸣条蜂的窝里不同时期所进行的发掘使我几年前就明白，疤痕短翅芫菁跟西芫菁一样是它的寄生虫；我不时会在条蜂的蜂房里发现了已经死掉，而且干瘪了的短翅芫菁成虫。我还从杜福尔的著作知道，在膜翅目昆虫的毛里找到的虱子，这种黄色的小虫就是短翅芫菁幼虫。我对西芫菁进行的研究，使我对这些基础知识有了更生动的了解，于是带着这些基本知识，我于5月1日到卡班特拉去查看条蜂正在建造的窝，我前面已经叙述过了。我几乎确信关于西芫菁的研究迟早会取得成功，因为它们在条蜂窝里特别多；但是对于短翅芫菁我却没有抱多大的希望，因为在条蜂窝里短翅芫菁幼虫很少。然而，出乎我的预料，情况十分有利。经过六个小时挥动铁镐的劳动之后，我汗流满面，但是我得到了大量被西芫菁幼虫占有的蜂房，和两个居住着短翅芫菁幼虫的蜂房。

如果说我看到西芫菁幼虫趴在条蜂的卵上，漂浮在小小的蜜沼中间，兴奋的情绪都来不及平静下来，那么当看到某个蜂房有短翅芫菁幼虫时，兴奋之情就更难以抑制了。在黑色的蜜汁上漂浮着一个发皱的薄皮，在薄皮上有一个黄色的虱子一动不动。这薄皮，就是条蜂卵的空壳；这虱子，就是短翅芫菁的幼虫。

现在我已将短翅芫菁幼虫的生活补充完整。短翅芫菁幼虫在条蜂产卵时离开条蜂的毛；既然与蜜接触对它来说是致命的，它为了保护自己，就必须采取西芫菁的战术，随着正在产下的卵而溜下来。到了蜜上后，它的第一项工作就是吞噬作为竹筏的卵，它待在空卵壳上；这是它处于初态期间所吃的唯一的一餐饭。正是在这餐饭之后，它将开始漫长的变态过程，靠条蜂堆积的蜜来维生。这就是我和牛波特企图饲养短翅芫菁幼虫而彻底失败的原因，我不应该向它提供蜜，或者幼虫和蛹，而是把它放在条蜂刚产下来的卵上面。

从卡班特拉回来后，我想同时饲养西芫菁幼虫和短翅芫菁幼虫，饲养西芫菁幼虫很成功，但是我手边没有短翅芫菁的幼虫。只有在膜翅目昆虫的毛里才能找到短翅芫菁幼虫，可是，当我出发远征终于找到它时，条蜂蜂房里面的卵都已经孵化了。这次尝试失败了，但没什么好可惜的，因为短翅芫菁和西芫菁不但在习性方面，而且在演变方式方面非常相似，毫无疑问我会成功的。我甚至相信可以用各种膜翅目昆虫的蜂房来饲养它，只要这些卵和蜜跟条蜂的差别不太大。我不指望，例如用与条蜂居住在一起的三叉壁蜂的蜂房，能够取得成功。壁蜂的卵短而粗，它的蜜是黄色的，没有气味，是固体的，几乎可以粉碎而且味十分淡。

第十七章 🦗 多次变态

短翅芫菁和西芫菁的初龄幼虫采取狡猾的计谋进入条蜂的蜂房，安居在既是它的第一餐饭又是它的救生木排上。一旦把卵吃完后，它会变成什么样子呢？

我先回顾一下西芫菁幼虫。八天后，条蜂的卵被寄生虫吸干，只剩下卵壳这一叶轻舟，使小虫不会跟蜜发生致命的接触。第一次变态就是在小舟上进行的，然后，幼虫已经结构健全，可以生活在黏糊糊的环境中，便抛弃背部裂开的皮让它挂在卵壳上，自己从木排上滑落到蜜湖中。这时，一个两毫米长、卵形扁平的奶白色小东西，在蜜上一动不动地漂浮。这就是新形态的西芫菁幼虫。借助放大镜，我看到它充满着蜜的消化道在起伏波动；在椭圆形小虫扁平的背部两侧有两条长着呼吸孔的小带，这些呼吸孔由于位置的关系，不会被黏性的液体堵塞住。要想详细描述这个幼虫，必须等待它发育完全，这个愿望很快就能实现，因为食物迅速地在减少。

但是，这种迅速无法跟贪吃的条蜂幼虫的进食速度相比。6月25日，我最后一次访问条蜂的居所，发现条蜂幼虫已经把食物全部吃完并发育老熟，而西芫菁幼虫仍然沉浸在蜜中，而且大部分还只吃了一半食物。这是西芫菁幼虫要首先把卵摧毁的又一个原因，因为如果这个卵发育好了，就会孵化出一只贪婪的条蜂幼虫，有可能在短短的时间内把它们饿死。我在玻璃管中饲养幼虫，我了解到，西芫菁幼虫花35～40天吃完的蜜浆，条蜂幼虫只用了不到两个星期。

西芫菁幼虫是在七月上旬发育老熟。这时，被这个寄生虫篡夺的蜂房里，除了一只胖乎乎的西芫菁幼虫外，什么也没有，而在一个角落里，则堆了一堆淡红色的粪便。这只幼虫白色，软软的，有12～13毫米长，最宽的部分有6毫米。它浮在蜜中时，从背部看上去，是椭圆形，往前端逐渐缩小，而往后端则猛地小下来。它的腹面非常凸出，背面却几乎是平的。幼虫在液体的蜜中漂浮时，过分发胖的腹部埋在蜜中，好像把幼虫压沉了似的，它就这样保持平衡，这对于它来说是极其重要的。因为在几乎扁平的背部各边排列着的呼吸孔与黏液齐平，而又没有保护手段；因此，如果没有合适的压舱物使幼虫不致翻船，那么只要动作稍有不对，呼吸孔就要被黏胶堵塞住。我从来也没见过肥胖的肚子派上这么大的用场的，靠着肥肥的肚子，幼虫不会被窒息而死。

　　幼虫包括头在内一共有16个体节。头扁平，软软的，跟身体其他部位一样；但比起它的体积来，头显得很小。触角非常短，像两段圆柱体，我用高倍放大镜也看不见。幼虫处于初状时要作奇怪的迁徙，显然需要视觉，所以它有四个单眼。在目前这种状态，在黏土筑成的蜂房里到处漆黑一团，眼睛有什么用呢？

　　上唇突出，跟头并没有明显分开，前面短，旁边有非常细的苍白色纤毛。大颚很小，末端淡红，内侧凹陷圆钝，像汤匙。在大颚下面有一块鼓肉，上面有两个非常小的乳突，这是带两根唇须的下唇。下唇左右两旁有两块肉紧贴在嘴唇上，末端有退化的唇须，分成几段细小的节。这两块肉是未来的颌。嘴唇和大颚完全不动，而且处于只是一些原基，无法描述。这是一些处于萌芽状态，正在生长的器官。上唇与由嘴唇和颌组成的复杂的利刃之间留下了一个狭窄的缝，大颚就在其中发挥威力。

　　腿完全只剩下了原基，因为虽然每条腿有圆柱形的三截，可是几乎不到半毫米长。不管它是生活在流动的蜜浆中还是在坚实的土地上，幼虫都根本无法使用这些腿。如果为了便于观察，把幼虫从蜂房里取出来，放在一个固体上，它会用肥胖的肚子把胸部拱起来，结果腿就踏不到支点。由于体态的关系，幼虫只能侧躺，一动不动或者只能腹部懒洋洋地蠕动，软弱的腿则从来不动一下，这些腿一点用处也没有。总之，原先那么敏捷，那么活跃的小家伙，现在变成了一个大腹便便，胖得不能动弹的肥虫。看到这只笨重浮肿的小家伙，肚子大得非常难看，腿只剩下像是残缺不全的一截，一点用也没有，谁会认得出这就是前不久那个长着盔甲，身材苗条，器官完善，可以从事危险旅行的漂亮小甲虫呢？

如果说西芫菁初龄幼虫的结构是为了行动，为了占有它所觊觎的蜂房，那么它在二态时的结构只是为了消化食物。我查看它的内部结构，尤其是消化器官，怪事，这个将要吞食条蜂堆积的蜜浆的器官，跟也许永远不吃食物的西芫菁成虫的消化器官完全一样。两者都有同样短得惊人的食道，同样的乳糜室，不过成虫的乳糜室里面是空的，幼虫的则被大量橘黄色的乳汁鼓胀起来；两者都有四个同样的胆囊管，管的一端跟直肠连在一起。幼虫跟成虫一样没有唾液腺和任何类似的器官。它的神经器官，如果只从食道前胸算起，有11个神经节；而成虫只有7个，胸部3个，后两个连在一起，腹部有4个。

食物吃完后，幼虫有那么几天仍然处于不动的状态，不时把一些淡红色的粪便排泄出来，直至消化管完全没有橘黄色的乳汁。这时幼虫收缩起来蜷成一团，然后从身上褪下一块有点皱、非常细、像个有口的透明薄膜袋子，后面的变态就是在那里进行的。在这口袋上，在这由幼虫褪下来的透明口袋上，仍然完整地保存着各个外部器官：带着触角的头、大颚、颌、唇须、胸部体节以及腿原基；腹部之间的一连串气门孔彼此仍然靠气管丝连接。

然后，在这个纤细得哪怕轻轻地碰一下都几乎要碰破的外套下面，出现了一团软软的白色物体，过几个钟头，它变成了深黄褐色的角质固体，变态完成了。我把包着刚刚成形的新生命的细纱袋撕开，察看西芫菁幼虫的第三种形态。

幼虫没有活力，椭圆，角质，跟虱子和蛹完全一样，深黄褐色。它的背面两边倾斜，脊柱非常钝；腹面起初是平的，以后由于蒸发的缘故日益隆起，一个环形的软垫围绕椭圆形的四周。它的两端有点儿扁平。腹面的大轴线平均有12毫米，小轴线为6毫米。

头部有一个大致按幼虫头的模样脱出来的罩子；而在尾部，有一个小圆盘，中间部分有深深的皱纹。头后面的三个体节，每个体节有两个囊泡，非常小，没有放大镜几乎看不出来，是二龄幼虫的腿，而头部的罩子就是幼虫过去的头。这些并不是器官，而是器官的原基为以后长出器官留下的标志。在身体两侧，有像以前那样位于中胸上的九个气门，腹部前八个体节，深棕色，与身体的淡黄褐色形成明显的对照。这些体节是发亮的椎形囊泡，顶端有一个圆孔。第九体节虽然形状跟前面一样，但小得多，在放大镜下也看不出来。

从初态过渡到二态已经这么奇怪了，现在它还要变得更加异乎寻常哩。可我不知道用什么名词来称呼这样一个身体，它不仅在鞘翅目昆虫甚至在整个昆虫界都那么与众不同。虽然，一方面，这个机体由于坚固的角质，由于各个体节完全不动，由于几乎根本没有什么标识成虫的身体部位，所以在许多方面跟双翅目昆虫的围蛹相似；另一方面，它又与蛾蛹接近，因为要达到这个状态，它需要像幼虫那样蜕皮。然而，它跟围蛹不同，因为它并没有角质的表皮，而是一层幼虫的表皮；它跟蛾蛹也不同，因为它没有蛾子所具有的附器。它跟围蛹和蛾蛹的最根本的区别在于，围蛹和蛾蛹直接羽化出成虫，而它只蜕变出一只跟前面一样的幼虫。因此，我建议用"拟蛹"来指称这个奇怪的机体，并保留"初龄幼虫""二龄幼虫""三龄幼虫"这些名词，来用称呼西芫菁幼虫的这三种形态。

如果说具有"拟蛹"形态的西芫菁在外貌上，改变得令昆虫形态学也无法明确判断，它的内部情况可不是这样。拟蛹整年都一动不动，我曾经在一年中的各个时期仔细观察拟蛹的内脏，它们的器官跟二龄幼虫没有任何不同，神经系统没有变化；消化器官内一直是空的，由于空空如也，就像一个细绳子，藏在脂肪袋里看不出来；储藏粪便的肠子硬些，形状也更清楚；四个胆囊一直分别得很清楚；粪便比任何时候都多，比起整个体积来，神经系统和消化器官的薄膜太小了，如果这些不算在内，拟蛹体内除了粪便就没有别的了。这是这个生命为了下一步的变态，要从中吸取养分的储藏物。

有些西芫菁的拟蛹期几乎只有一个月，其他的变态是在八月完成；到了九月初，昆虫就羽化为成虫了。但是一般来说，大部分西芫菁的演变要进行得慢些；拟蛹要度过冬天，最后一次变态是在来年的六月。在这期间，西芫菁以拟蛹的形态在蜂房里沉睡，睡得这么沉，就像胚胎在卵中酣睡一样，别理会它长时间的休息；现在我们来到可以称为第二次孵化期的第二年的六七月吧。

拟蛹一直关在由二龄幼虫的表皮构成的软袋子里，外面看来没有新的情况发生；可是在内部，却刚刚完成了巨变。我说过，拟蛹背部像驴背似的隆起，而腹面先是平的，然后越来越凸出。背部的两个倾斜的侧面，也由于流体部分的蒸发而凹陷，下陷得那么厉害，拟蛹上与轴线相垂直的一个断面，像个曲线三角形，顶部是钝角，两条边朝内隆起。拟蛹在冬天和春天就是这种形状。

但是，到了六月，它便没有了这种干瘪的样子，变成一个规则的椭圆球，与轴线垂直的断面则是些圆圈，好像一个皱瘪的气囊被吹大了似的，与此同时，还发生了一个更深刻的变化，拟蛹的角质外皮跟它里面的幼虫开始分离，就像去年二龄幼虫的蜕皮那样，蛹壳完整地整个脱落下来，形成一个椭圆形罩子，而这罩子本身又包含在二龄幼虫蜕下的皮袋中。这两个没有口的袋子，一个套着一个，外表透明、柔软、无色，纤细；第二个袋子易碎，几乎跟第一个一样纤细，但颜色是淡褐色，像一张琥珀色薄膜似的，远不如第一个透明。在第二个袋子上有我们在拟蛹上看到的气门突起、胸腔囊泡，等等。在袋子里面还可以依稀看到某种东西，它的形状使人立刻想到二龄幼虫。

的确，如果把保护着这个奥秘的双层罩子撕开，我们一定会惊讶地看到眼前又有一个跟二龄幼虫一样的幼虫。在最奇怪的变态之后，这个昆虫又倒回到第二种形态。用不着描述这个新的幼虫，因为它跟前者只有某些小小的不同。两者的头都有几乎看不出来的附器；腿同样只是些原基，同样有着水晶那么透明的残余。三龄幼虫跟二龄幼虫不同之处只在于：腹部由于消化器官完全凹陷而没有那么粗，两侧有两串肉瘤珠子，气门像水晶似的稍稍凸出，但没有拟蛹凸出得那么厉害，原先只是雏形的第九对气门，如今已经跟其他的一样粗，大颚末端非常尖。三龄幼虫从双层袋子中出来后，只是懒洋洋地收缩和膨胀，由于腿软弱无力，不能前进，甚至不能保持正常的状态。它通常都侧身躺卧一直不动，或者只微弱地蠕动。

　　拟蛹的外表皮成了幼虫的壳，如果它在壳中头是朝下的，它就通过交替地膨胀和收缩，尽管动作非常懒洋洋的，可以在壳里面转过身来；但由于壳内的空间几乎被幼虫占满，翻转过来非常困难。小虫收缩身子，把头弯到肚子下面，让身子的前半部滑到后半部，这动作是那么慢，放大镜几乎都看不出来。过了不到一刻钟，起初颠倒的幼虫如今头朝上了。我赞赏这种体操，可是我对此却难以理解，因为幼虫在休息的壳子里，空的地方是那么小。既然它能够做这样的翻转，那么比起我们期待它做的事情来，那简直不算什么了。这种特权使它可以在它的小屋中恢复它喜欢的朝向，处于头朝上的姿势，可是幼虫享有这种特权的时间并不长。

　　至多两天后，它又陷入跟拟蛹一样完全无活力的状态。我把它从琥珀色的壳中取出来，发现它随意收缩和膨胀的能力彻底麻木了，甚至用针尖刺激也不能使它动起来，虽然外皮仍然十分柔软，而且机体结构没有丝毫的变化。拟蛹的毫无感应持续了整整一年，它刚刚苏醒一会又立即陷入深深的昏沉之中，直到过渡到蛹态时才部分消失，然后立即又恢复原样并一直继续到成虫羽化。

　　因此，如果使用玻璃管使三龄幼虫，或者使裹在壳中的蛹保持颠倒的姿势，不管时间多长，它们也绝不会恢复直立的姿势；就是成虫，关在壳里时，由于不够柔软，也无法恢复直立。如果我没有见到过三龄幼虫最初的那些动作，那么只有几天大的三龄幼虫，完全一动不动的蛹，加上壳里剩下的空间很小，一定不会相信这种小虫是可以翻转身体的。

　　现在我们来看看，如果没有及时进行观察，会导致什么样奇怪的后果。我收集了一些拟蛹，把它们以各种可能的姿势放在一个瓶子中。蜕变的季节到了，我理所当然会感到惊讶，我看到，在大部分壳子里，关在里面的幼虫或者蛹都处于颠倒的方向，头转向壳的尾一端。我观察在这些颠倒着的壳里有没有任何活动的现象，没有；我把壳摆在各种可以想象出来的位置，看看小虫会不会翻转过来，毫无作用；我想看看翻转所需的自由空间到底在哪里，也一样是徒劳。这些是纯粹的幻想；我受骗了，我在两年中提出了各种猜想，企图了解蛹壳和壳里的幼虫之间为什么这样不一致，企图终于能够解释一个无法解释的事实，可有利的时机过去了。

在现场，在条蜂的蜂房里，从来没有出现过这种明显的不正常现象，因为二龄幼虫在即将转变为拟蛹时，总是注意根据蜂房接近垂直的轴线，使自己的头朝上。但是当拟蛹杂乱无章地摆在一个盒子里或一个瓶子里的时候，所有那些颠倒放置的拟蛹里面装着的幼虫或者蛹后来都会翻转过来。

在我所描述的四次深刻的变态之后，我预料内部的机体会发生改变，我的看法是有道理的。可是什么变化也没有，三龄幼虫的神经系统跟前面的一样，生殖器官甚至还没长出来，更不用说消化器官，这些消化器官一直到成虫都保持不变。

三龄幼虫期只有四五星期，二龄幼虫期大致也这么长。七月是二龄幼虫转为拟蛹，三龄幼虫化蛹的时期，这些变化总是在椭圆形的双重外套内进行的。外套的皮在背的前部裂开，然后借助几下轻微的收缩，外套的皮缩成一小团被褪到了后面。随后的情况，就跟其他的鞘翅目昆虫没有任何不同。

三龄幼虫的蛹也没有特别的地方，这个襁褓中的虫子，黄白色，附器透明得像水晶，伸展在腹部下面。几个星期过去了，在这期间，蛹部分穿上了成虫的外衣，一个月左右后，小虫按通常的方式最后一次蜕皮达到最终的形状。这时鞘翅黄白色，翅膀、腹部和腿的大部分也是这颜色。过了24小时，鞘翅有一段呈黑褐色；翅膀变黑，腿也变成黑色。成虫完成了结构变化。但是，西芫菁还在这身完好无损的壳中待了半个月，时不时排出一些含尿酸的白色粪便，并用它最后两次的蜕[1]，即三龄幼虫和蛹蜕下的皮，把粪便扒到后面去。接近八月中旬，它撕开裹着它的双层套子，戳穿条蜂蜂房的塞子，走入过道，到外面去寻找异性伴侣。

我在搜寻西芫菁时，曾发现了两个有疤痕短翅芫菁的蜂房，其中一个蜂房内装着条蜂的卵，卵上有一个黄色的虱子，这是短翅芫菁的初龄幼虫。关于这种昆虫的故事我们是熟悉的。第二个蜂房里也充满着蜜，蜜汁上漂浮着一只小小的白色幼虫，长约4毫米，与西芫菁的白色幼虫很不一样。它的腹部迅速一胀一缩，说明它在贪婪地吮吸条蜂采集的气味浓烈的琼浆。这只幼虫是短翅芫菁幼虫的二龄幼虫。

我把这两个珍贵的蜂房保存下来，把它们打开得大大的，研究其中的内容。我从卡班特拉回来时，由于车辆颠簸，蜂房里的蜜渗了出来，蜂房的居民死了。6月25日，我再次造访条蜂的窝，又带回了两个一样的蜂房，但里面的幼虫肥大得多。一只幼虫就要吃完粮食，另一只的粮食还剩下将近一半。我十分小心地把第一只幼虫放到安全的地方，把第二只立即浸泡在酒精里。

这些幼虫看不见东西，软绵绵、肉乎乎，淡黄白色，身上盖着只有在放大镜下才看得见的绒毛，像金龟子的幼虫那样弯成钩状，两者外形有点相像。包括头在内总共有13个体节，九个有气门孔，食囊袋卵形，苍白色。八个气门在胸腹部的头八个体节，就像西芫

---

① 蜕：幼虫所脱下的旧表皮。——校注

菁的幼虫一样，最后一对气门所在的第八体节比其他体节小些。

头是角质的，略带棕色。前侧四周棕色，上唇凸出，白色，梯形。大颚黑色，粗壮，短而钝，不大弯，尖利，上下的内面各有一颗大牙齿。颌上的纤毛和唇上的唇须状如非常小的囊泡，有两三节。触角棕色，就插在大颚的底部，有三节，第一节粗大，小球状，其他两节直径小得多，圆柱体。腿短，但非常有力，末端有黑而壮的跗节，使小虫可以攀登或者挖掘。发育老熟的幼虫长为25毫米。

幼虫的内脏放在酒精中日子太久已经坏了，但是通过解剖另一只幼虫，我了解到，它的神经系统除了食道环外，由11个神经节组成，消化器官与成年的短翅芫菁没有太大不同。

6月25日，我将那只大幼虫以及它没吃完的食物都放在玻璃管里。这只幼虫在七月的头一个星期具有了新的形状。背部前半部分的皮裂开，一半褪到后面，一只跟西芫菁绝大部分相似的拟蛹部分地露出来。牛波特没有看到短翅芫菁幼虫的第二种形态，幼虫吃条蜂采集的蜜浆时的形态，但是他看到过这幼虫有一半裹着拟蛹的茧壳。牛波特根据他在茧壳上观察到的粗壮的大颚和带利爪的腿，推测幼虫由于能够挖掘了，便不再待在条蜂的蜂房里，而从一个蜂房转到另一个蜂房去寻找食物。我觉得这个猜想是很有根据的，因为单单一个蜂房里装着的蜜，是不够幼虫发育成长的。

我再谈谈拟蛹。就像西芫菁的拟蛹一样，它也没有生命活力，角质坚固，琥珀色，包括头在内有13个体节，长20毫米，略微弯成弧形，背面突出，腹面几乎是平的，四周有肉环鼓出，把背腹两面分割开来。头像个面罩，上面模模糊糊地隆起一些附器的原基。在胸部体节上有三对结节，这就是幼虫和未来的成虫的腿。它有九对气门，第一对在中胸，后八对在腹部的头八个体节上，最后一对相对小些，这些特点我在拟蛹前的幼虫身上看到了。

把短翅芫菁和西芫菁的拟蛹相比较，我注意到它们之间有一个引人注目的相似之处，它们在最小的细节上都有同样的结构。两者头部有同样的面罩，腿的位置有同样的结节，气门的数目和分布相同，颜色和坚硬的外皮也相同。唯一的不同在于，这两种拟蛹的外观和幼虫蜕下外罩。西芫菁蜕下来的皮是一个裹着整个拟蛹的袋子；而短翅芫菁蜕下的皮则从背上裂开，褪到后面去，只把拟蛹裹了一半。

我解剖我仅有的一只拟蛹，结果表明，就像西芫菁的机体结构所发生的变化一样，尽管短翅芫菁的拟蛹外部发生了深刻的变化，内脏并没有任何改变。一根细细的短绳就埋在无数脂肪袋中间，从短绳上可以很容易辨认出消化器官的基本特征，这些特征，凡是前面的幼虫或是成虫所具有的，在这细绳上都有。腹部的髓质，跟幼虫一样，由八个神经节构成；而成虫的神经节只有四个。

我无法肯定的是，短翅芫菁有多长时间处于拟蛹的形态；但是由于短翅芫菁的演变跟西芫菁完全相似，我推测某些拟蛹在当年变态，而大部分则整年一直不动，来年春天才演变为成虫。牛波特的看法也是这样。

不管怎样，有一只拟蛹在八月末变成了蛹。正是靠着这个宝贵的捕获物的帮助，我才看到了短翅芫菁演变故事的结局。蛹的角质外皮顺着延及整个腹部、头部再伸到背部的裂缝裂开，就像拟蛹一样，拟蛹硬硬的保持着原样，有一半嵌在二龄幼虫抛弃的皮中。最后，整个外皮几乎分成两半，从裂缝中钻出了一只短翅芫菁的蛹；从表面上看，似乎一只蛹立即紧接着拟蛹而来。西芫菁可不是这样，西芫菁必须通过一种中间形态，才能从初态转到二态，严格遵循以蜜为食物的幼虫的变态规律。

这些表象是骗人的，把蛹从拟蛹的外套裂开的地方取出来时，我发现在套子的尽头有一张第三次蜕下的皮，昆虫至今所褪下来的最后一张皮。这张蜕下的皮甚至还依靠气管的几根纤维丝跟蛹连在一起。如果把皮放在水中泡，它不会变软；如果原来有腿，它不会变成无腿；如果起初有单眼，它不会成为瞎子。确实，对于这些形状不变的幼虫来说，在整个幼虫期间，它们的生活制度以及它们必须生活其中的环境一直都保持着原样。

但是假设生活制度发生了变化，假设在它们整个演变期中，它们必须生活其中的环境可能有所改变，那么显然蜕皮能够、甚至应当使幼虫机体组织适应新的生存条件。西芫菁的初龄幼虫生活在条蜂的身体上，危险的长途旅行要求它动作敏捷，眼睛明亮，平衡器官灵巧；事实上，它的确体态轻巧，有单眼，有腿，有可以专门预防跌落的器官。一旦进入条蜂的蜂房里，它必须摧毁条蜂的卵；它那弯钩状的锐利大颚将起这个作用。之后，食物变了；在吃了条蜂的卵后，幼虫要吃蜜浆。它必须生活其中的环境也变了，它现在不是生活在条蜂的卵中，而是要漂浮在黏性的液体上；它不是生活在明亮的阳光下，而是要一直待在深深的黑暗之中。于是它那锐利的大颚就必须凹成像个汤匙好喝蜜浆；它的腿，它的纤毛，它的平衡器官由于已经没有用处甚至碍事就必须消失，因为这些器官只会使幼虫粘上蜜从而有巨大的危险；它那轻巧的体态，角质的外皮和些单眼，在黑漆漆的蜂房已经不需要了，因为在蜂房里已不可能活动，也不必害怕强烈的碰撞，所以它就必须变得完全失明，外皮柔软，体形笨拙而懒散。幼虫生命所必不可少的这种变态全都是靠蜕皮来完成的。

我可以清楚地看出这种变态的必要性，这样的变态是其他昆虫根本没有的。吃蜜的幼虫鼎牛外表似乎像蛹，然后恢复到以前的形状，虽然我们完全不知道为什么需要这样的变化。我在此不得不把事实记录下来，而把对这些事实的解释留待未来。短翅芫菁幼虫在化蛹前经历了四次蜕皮，而每一次蜕皮之后，特征都发生了深刻的变化。在外部发生变化期间，内部组织仍保持原样而没有改变。只是在蛹出现时，它才完全像其他鞘翅目昆虫那样，神经系统集中起来，生殖器官发育完全。

因此，芫菁科昆虫除了跟鞘翅目昆虫通常的变态一样，有从幼虫到蛹到成虫相继发生的各个阶段之外，还有幼虫的外形发生多次转变但内脏却没有任何变化的阶段。这种在昆虫传统的变态之前，幼虫多次改变形状的演变方式，肯定值得有一个特殊的名称，我建议称之为"多次变态"。

最后，我把变态过程中最突出的特点概述如下：

西芫菁、短翅芫菁、带芫菁等别的一些，或许所有的芫菁科昆虫，在初生时是采蜜的膜翅目昆虫的寄生虫。

芫菁科昆虫在变成蛹之前经历了四种形态，我称之为初龄幼虫、二龄幼虫、拟蛹、三龄幼虫，它们靠蜕皮从一个形态转到另一个形态而内脏没有变化。

初龄幼虫，角质，在膜翅目昆虫身上安身，其目的是让膜翅目昆虫把自己运到装满蜜的蜂房里去。到了蜂房后，它吞噬膜翅目昆虫的卵，它的作用完成了。

二龄幼虫身体柔软，在外部特征方面与初龄幼虫完全不同，它靠掠夺蜂房中装着的蜜维生。

初龄幼虫的组织跟拟蛹以前的幼虫几乎一模一样，只不过大颚和腿没有那么粗壮。在经过了拟蛹阶段后，短翅芫菁竟有一段时间恢复以前的形态。

随后三龄幼虫变成了蛹。蛹没有任何特别之处。我饲养的唯一的一只蛹，接近九月羽化为成虫。在一般情况下，短翅芫菁是不是在这个时期从它的蜂房中出来呢？我不这么认为，因为交配和产卵在初春进行，它可能要在条蜂的窝里度过秋天和冬天，在第二年的春天才离开。甚至很可能在一般情况下，演变进行得更慢些，大部分短翅芫菁跟西芫菁一样，以拟蛹的形态度过严寒季节，因为这种形态非常适合于昏昏沉沉的冬眠。当春暖花开的季节到来时，它们才完成无数次的变态。

西芫菁和短翅芫菁同属于芫菁科，它们整科的昆虫很可能都有这样奇怪的变态，我曾幸运地看到过第三个例子，不过事过25年，我在此无法对细节进行研究。在这漫长的岁月中，我曾六次，仅仅六次，看到我将要描述的那个拟蛹。有三次我是在建在石头上的石蜂旧窝里找到拟蛹的，我原先认为那是高墙石蜂的窝，现在我认为更有可能是棚檐石蜂的窝。我有一次从食木虻幼虫挖的洞穴里取出了拟蛹，洞穴挖在野梨树的枯树干里，后来成了某种壁蜂的蜂房，我不知道是哪种壁蜂。最后一对拟蛹住在三齿壁蜂的茧中，三齿壁蜂把这条挖在干枯的树莓桩中的过道，给它的幼虫做卧室，因此这种拟蛹是壁蜂的寄生虫。当我把拟蛹从石蜂的旧窝里取出来时，我不应该把窝说成是石蜂的，而应该说是一种壁蜂，三齿壁蜂或拉氏壁蜂的，这种壁蜂使用石蜂的旧洞穴来做窝。

我十分完整地看到的这一切，为我提供了下面的资料：拟蛹由二龄幼虫的皮紧紧裹着，这皮是一张纤细透明没有丝毫裂缝的薄膜。除了薄膜紧贴着里面的幼虫之外，这简直就是西芫菁幼虫袋子了。在紧身衣上面我看到，三对小腿只剩下了原基，成了残肢。头部清楚地显出大颚等口器附器，没有眼睛的痕迹。在身体两侧各有一条干瘪的白色气管带，从一个气门孔延伸到另一个气门孔。

角质的拟蛹，长一厘米，宽四毫米，枣红色，圆柱体，两端圆锥形，背面微凸，腹面微凹，身上覆盖着突出的细点，非常密，要用放大镜才能看得出来。头部有一个大包，嘴依稀可辨；三对浅棕色但有点发亮的小点，便是腿的原基，几乎看不出来；在身体两侧有一排八个黑点，这是气孔。第一对单独在前面；与第一对之间隔着一个空隙的其他七对连成一排。尾部末端是个小浅窝，是肛门孔的标志。

我幸运得到的六个拟蛹中，四个是死的，另外两个是钝带芫菁的。这足以说明我的预料是正确的，通过类推我最初把这些奇怪的机体组织设想为是带芫菁属的昆虫。壁蜂的寄生虫是短翅芫菁，现在我知道短翅芫菁的寄生虫是什么了。现在我还需要了解由壁蜂运到装满蜜的蜂房去的初龄幼虫，和将化为拟蛹，以便以后化蛹的二龄幼虫是什么样子。

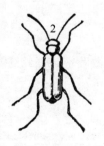

钝带芫菁

现在我把刚才简单勾勒的奇怪变态作一番概述。在鞘翅目昆虫中，任何幼虫在化蛹之前都要蜕皮，都有次数不等的蜕皮；蜕皮让幼虫蜕下对它已经太窄的外套，以促进发育，但丝毫不会影响到幼虫的外形。幼虫在经历了多次蜕皮之后，仍然保存着自己的特点。如果最初是坚硬的，拟蛹不会做任何活动，有像围蛹和蛾蛹那样的角质外皮。在外皮上有一个头罩，那里没有能够辨别出来的活动部位，另外有六个腿原基的结节以及九对气孔。西芫菁的拟蛹装在好似封闭的袋子里，带芫菁的拟蛹装在由二龄幼虫的皮所构成的紧贴着身子的口袋里，短翅芫菁的拟蛹只有一半套在二龄幼虫裂开的皮中。

三龄幼虫除了很小的细节外，具有二龄幼虫的所有特征：西芫菁的三龄幼虫藏在二龄幼虫和拟蛹蜕下的皮所构成的椭圆形双层罩子里，很可能带芫菁也是如此。至于短翅芫菁，它一半包在裂开的拟蛹的外皮中，并像拟蛹一样，一半也是包在二龄幼虫的皮中。

从三龄幼虫起，变态的过程就跟通常的一样了，幼虫化成蛹，而蛹羽化为成虫。